职业教育教学用书

计算机应用基础

（会计专业）

容湘萍 主 编

张 俐 余 波 黄丹丹 副主编

冯理明 主 审

电子工业出版社
Publishing House of Electronics Industry
北京·BEIJING

内 容 简 介

本书主要模拟刚毕业的会计专业学生,以在实际工作中碰到的工作为项目场景,以 Office 2010 办公自动化软件在会计工作中的具体应用为主线,按照财会人员的日常工作特点谋篇布局,通过介绍财务工作典型应用案例,在讲解具体工作方法的同时,介绍相关的 Word、Excel、PowerPoint 的常用功能。

本书内容丰富,业务流程清晰,注重实用,适合作为职业学校"计算机应用基础"课程的教材,特别适用于会计专业学生的计算机基础学习,也可供广大财务初级人员和计算机爱好者参考使用。

未经许可,不得以任何方式复制或抄袭本书之部分或全部内容。
版权所有,侵权必究。

图书在版编目(CIP)数据

计算机应用基础:会计专业 / 容湘萍主编. —北京:电子工业出版社,2014.9
ISBN 978-7-121-20865-2

Ⅰ.①计… Ⅱ.①容… Ⅲ.①电子计算机－高等学校－教材 Ⅳ.①TP3

中国版本图书馆 CIP 数据核字(2013)第 145357 号

策划编辑:施玉新
责任编辑:毕军志
印　　刷:北京中新伟业印刷有限公司
装　　订:北京中新伟业印刷有限公司
出版发行:电子工业出版社
　　　　　北京市海淀区万寿路 173 信箱　邮编 100036
开　　本:787×1 092　1/16　印张:12.25　字数:313.6 千字
版　　次:2014 年 9 月第 1 版
印　　次:2014 年 9 月第 1 次印刷
定　　价:27.00 元

凡所购买电子工业出版社图书有缺损问题,请向购买书店调换。若书店售缺,请与本社发行部联系,联系及邮购电话:(010)88254888。

质量投诉请发邮件至 zlts@phei.com.cn,盗版侵权举报请发邮件至 dbqq@phei.com.cn。
服务热线:(010)88258888。

前　言

目前广大职业院校采用的计算机基础教材，一种是以知识点为章节的结构，另一种是引入了案例（项目），但案例取材较广泛，没有专门针对会计行业的计算机基础教材。虽然有采用项目教学的计算机基础类教材，但大多没有针对行业，特别是财会特点行业的项目设计。本教材结合最新的教学改革思想——工作过程系统化，从实际工作中提取案例素材，并针对财会专业，侧重选择财会工作实际需要掌握的技能，设计学习情境，将知识融合到实际工作中，从而实现学习与工作的零对接。

本书以"工作过程导向"为主旨，强调学生主体参与体验，在讲解工作内容和工作思路的同时，将 Word、Excel、PowerPoint 的各项常用功能进行融合。本书以一位刚毕业的学生晓欣，在财务助理岗位上遇到的各种工作为项目背景，设置了相关的情境场景。项目一讲述晓欣初入职场，接受企业文化熏陶，制作公司常见的文案；项目二讲述晓欣完成由建立会计账套到最终生成利润表、资产负债表的整个财务处理过程，并制作企业财务制度和展示会计电算化信息系统流程等；项目三讲述晓欣到公司销售部实习，设计制作购销合同、销售数据报表和 PPT 销售报告等；项目四讲述晓欣在财务助理岗位中制作工资明细表和工资发放表、设计和制作员工工资条等；项目五讲述个人财务的管理与投资的方法和核算工作。

本书最大的特点是每一章即一个完整的工作项目，每个项目又分为几个相互关联的任务活动，学生在完成任务的同时，既掌握了相应的知识点，又体验了财会行业最基础的工作过程。本书所有任务均有素材源文件和最终效果文件。课前有情境式的项目背景讲解，包含项目背景、项目目标和项目分析。项目下的子任务，又包含任务描述、任务目标和任务分析。在每个任务的实施前面，尽量让读者动手操作，使读者对知识点有理性的认识，在任务案例中展开详尽的解释，争取让读者尽快掌握知识点。理论知识以够用为主，根据需要，每个任务均设有拓展知识点讲解。为了巩固学习的成果，每个任务均设有实操练习和任务考核，可以检验学习的成果。本教材用到的素材在华信教育资源网上均可找到。

本书由容湘萍主编，副主编为张俐、余波、黄丹丹。其中项目一、项目三由容湘萍编写，项目四由黄丹丹编写，项目二由张俐编写，项目五由余波编写。参与编写人员均为一线教师，长期工作在教学岗位一线，亲自实践工作过程系统化教学改革。冯理明审阅了全书并提出了许多宝贵的意见和建议，会计专业教师谭凤田和资深财务管理人员容湘兰女士对本书的编写给予了极大的支持，衷心感谢以上每一位同志的辛勤参与和无私奉献。

由于时间仓促、水平有限，书中的疏漏之处在所难免，敬请专家和广大读者给予批评指正。

编 者
2014 年 7 月

目 录

项目一 了解新公司 ……………………………………………………………（1）
  任务一 安装办公软件 ……………………………………………………（1）
  任务二 公司简介（Word）………………………………………………（5）
  任务三 员工考勤管理制度（Word）…………………………………（17）

项目二 公司账务处理 …………………………………………………………（26）
  任务一 建立账套及会计科目代码表（Excel）………………………（26）
  任务二 凭证及凭证录入（Excel）……………………………………（34）
  任务三 科目汇总表（Excel）…………………………………………（46）
  任务四 利润表及资产负债表（Excel）………………………………（54）
  任务五 企业财务制度（Word）………………………………………（58）
  任务六 会计电算化信息系统（PPT）…………………………………（63）

项目三 公司销售数据管理 ……………………………………………………（70）
  任务一 购销合同（Word）……………………………………………（70）
  任务二 销售数据统计（Excel）………………………………………（80）
  任务三 销售分析报告（PPT）…………………………………………（87）

项目四 公司薪资管理 …………………………………………………………（98）
  任务一 工资信息表（Excel）…………………………………………（98）
  任务二 工资明细表（Excel）………………………………………（109）
  任务三 银行发放表（Excel）………………………………………（120）
  任务四 制作工资条（Excel）………………………………………（128）
  任务五 员工收入证明（Word、Excel）……………………………（134）

项目五　员工个人财务管理与投资 (143)

   任务一　个人财务预算管理（Excel） (143)
   任务二　银行存款与基金理财（Excel） (156)
   任务三　保险与银行理财（Excel） (160)
   任务四　贷款方案评估（Excel） (165)
   任务五　投资方案评估（Excel、PPT） (173)

项目一　了解新公司

项目背景

离开毕业的学校，晓欣怀着激动而兴奋的心情来到入职的海拓公司，以后，她将在这里开始她的新生活。一切对她来说，都是新鲜和未知的，她还有很多需要学习和努力的地方。今天是她职业生涯的第一天，她暗暗发誓，一定要加油。在人事经理的简单介绍后，晓欣就和其他新加入公司的同事一起，参加了新员工培训。在培训中，晓欣对公司的经营理念、业务范围、企业文化都有了比较系统的了解。

项目分析

为了加深新员工对公司的了解，培训结束时，培训部的讲师给晓欣下达了以下任务：通过搜集公司各方面的信息，梳理常见的一些公司文案。

（1）制作公司简介页。
（2）完善公司员工考勤管理制度。

项目目标

本项目要求学生学会使用 Word 的常见文字处理和排版功能，设计和制作一些工作中常见的文案。并且，在任务之初，需要给自己的办公计算机装上工作的必备工具——Office 2010。

任务一　安装办公软件

任务描述

Office 2010 是微软最新推出的智能商务办公软件，它不仅具有以前版本的所有功能，还增加了很多新的更加强大的功能。晓欣要想使用 Office 2010，首先需要将它安装到自己的计算机上。

任务目标

知识目标：掌握 Office 2010 中文版的安装和卸载方法，能快速启动和退出该软件。
能力目标：学会安装各类软件。
情感目标：培养分析问题、解决问题的能力。

任务分析

安装 Office 2010 的方法比较简单，晓欣只需要根据安装向导的提示进行操作即可。安装完成后，使用多种方法对软件进行启动和退出。

工作过程

（1）将 Office 2010 安装盘放入光驱，双击盘符，找到安装光盘里的 图标，并双击图标进入等待安装界面，如图 1.1.1 所示。

图 1.1.1

（2）等待安装程序准备好文件后，勾选"我接受此协议的条款"后单击"继续"按钮，如图 1.1.2 所示。

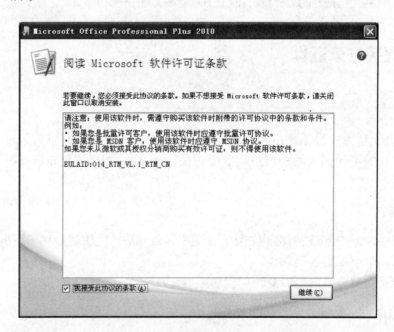

图 1.1.2

（3）选择安装组件，一般单击"立即安装"按钮，让系统自动安装。若要自己选择安装组件，则单击"自定义"按钮，如图 1.1.3 所示，等待进度条上显示安装进度，如图 1.1.4 所示，直至安装完成，如图 1.1.5 所示。

图 1.1.3

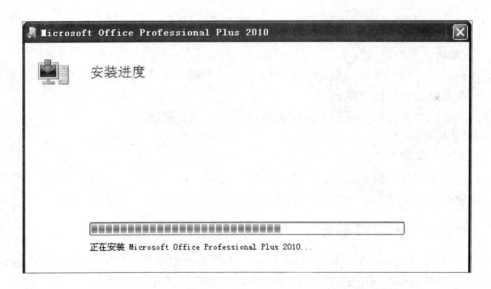

图 1.1.4

至此，本任务完成。

相关知识

1. 启动和退出 Office 2010

启动和退出 Office 中各组件的方法基本相同。

图 1.1.5

1)常见的启动的方法
(1)利用"开始"菜单,单击"所有程序"→"Microsoft Office",找到相应的组件。
(2)双击桌面的快捷方式。
(3)利用已有的文档,双击该文档也就启动了相应的程序。
2)常见的退出方法
(1)单击"关闭"按钮。
(2)选择"文件"菜单命令,单击"关闭"按钮。
(3)使用"Alt+F4"组合键可以快速退出。

2. 卸载 Office 2010 的方法

选择"开始"→"控制面板"菜单命令,在控制面板中双击"添加和删除"按钮,选择要删除的"Microsoft Office 2010"选项,单击"删除"按钮,即可等待卸载。

实操练习

(1)完成一次 Office 软件的安装和卸载。
(2)安装完成后,练习用多种方法启动和退出应用程序 Word 2010 和 Excel 2010。

任务考核

(1)下载和安装常见的即时聊天工具 QQ。
(2)卸载计算机中不常使用的软件。

任务二 公司简介（Word）

任务描述

对于每位入职公司的新成员，初步了解公司是人力资源培训中非常重要的一环。作为新员工，晓欣需要在非常短的时间内熟悉自己的工作环境和工作岗位，为此，在公司文化介绍的最后环节，晓欣接到任务，要求制作一份公司简介页。

任务目标

知识目标：学会 Word 中文字底纹、字体大小、字符间距、段落间距等文字简单处理方法，学会插入剪贴画、图片、文本框、页面边框等。

能力目标：学会利用 Word 软件编辑和美化公司简介页。

情感目标：了解公司的企业文化。

任务分析

为了完成公司简介页，晓欣需要通过公司的内部资料了解公司的历史、经营理念、服务宗旨等，还需要搜集公司的外景照片，总结和撰写公司简介文字。一切准备就绪，就需要借助刚刚安装好的 Office 系列软件之一——Word 来完成，所以首先要对 Word 有初步的了解。认识 Word 2010 的工作界面，如图 1.2.1 所示。

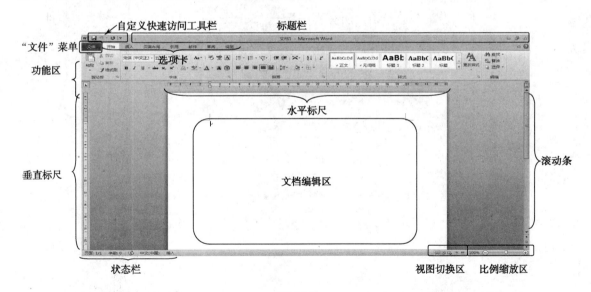

图 1.2.1

Word 2010 的操作界面与早期版本相比有了很大的改变，新增的功能区增添了很多新的功能，使其更加人性化，用户操作起来也更加方便。

Word 2010 的操作界面主要由"文件"菜单、标题栏、功能区、标尺、滚动条、文档编辑区、状态栏、视图切换区和比例缩放区组成。

任务效果

本任务设计的公司简介如图 1.2.2 所示。

图 1.2.2

工作过程

（1）启动 Word 2010。在程序菜单中找到 Microsoft Office，选择其中的 Word 2010，单击图标启动该软件。此时，已经默认新建了一个空白文档。

（2）录入并保存文档。录入公司简介（见"项目一\任务二\海拓公司简介素材"）提供的文字，单击如图 1.2.3 所示的"保存"按钮，弹出如图 1.2.4 所示的保存界面，输入文件名为"公司简介"，文档类型为"Word 文档"，选择保存位置为"我的文档"，单击"保存"按钮即可。

项目一　了解新公司 / 7

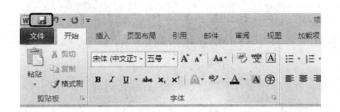

图 1.2.3

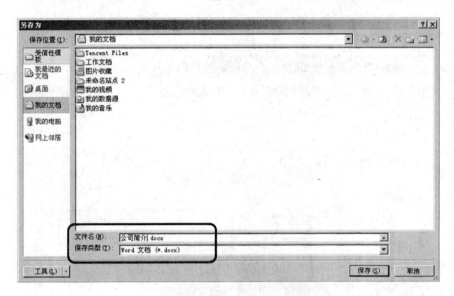

图 1.2.4

（3）设置字体。选中整个文档，在"开始"功能区中设置字体为"微软雅黑"，字号为"小四"，如图 1.2.5 所示。

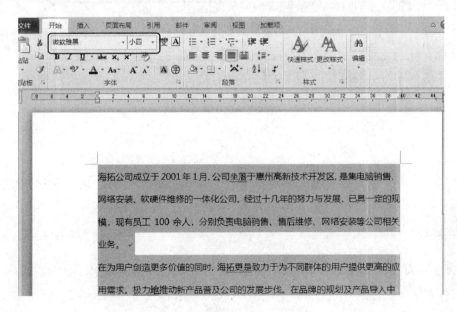

图 1.2.5

（4）设置段落。展开"开始"功能区中的"段落"选项，弹出如图 1.2.6 所示的对话框，设置其中的特殊格式为"首行缩进"，磅值为"2 字符"，设置段落间距为"多倍行距、1.2 倍"。

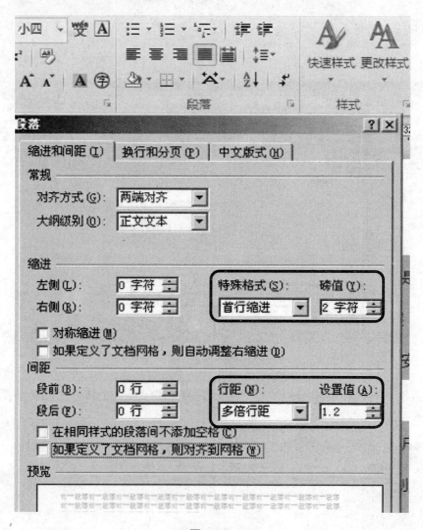

图 1.2.6

> 小提示
> 图中"如果定义了文档网格，则自动调整右缩进"和"如果定义了文档网格，则对齐到网格"这两个选项一般默认勾选。在勾选状态下，将不能自主进行行距和缩进的设置，此时要取消勾选。

（5）将光标置于文档起始位置，按"回车"键，增加一行。输入"公司"两个字，设置其字体为"黑体"，字号为"初号"，如图 1.2.7 所示。

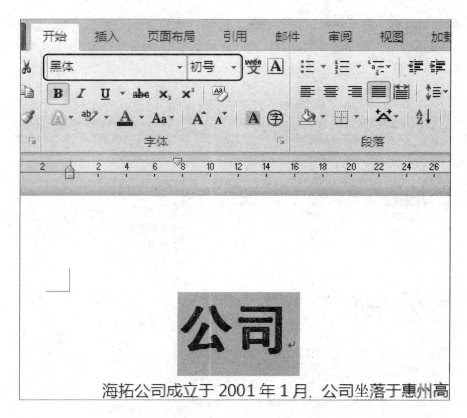

图 1.2.7

（6）插入文本框。将光标定位在首行标题"公司"两个字的前面，选择"插入"功能区的"文本"选项组，单击"文本框"按钮，选择"简单文本框"命令，如图 1.2.8 所示，即可插入一个简单文本框。

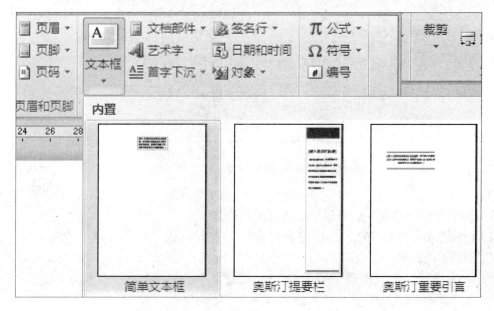

图 1.2.8

（7）插入剪贴画。单击"文本框"按钮，单击"插入"功能区中的"剪贴画"按钮，弹出如图1.2.9所示的"剪贴画"对话框，在"搜索文字"中输入"地球图标"，即可弹出相应的剪贴画，选择图1.2.9所示的图标，单击该图标，即可将该剪贴画插入到文本框中。

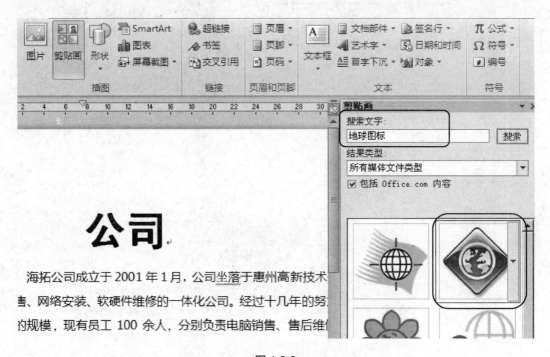

图 1.2.9

（8）设置该剪贴画的大小为长2.1厘米，宽2.1厘米，如图1.2.10所示。

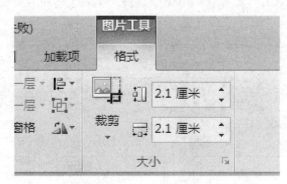

图 1.2.10

（9）设置文本框的填充为"无填充颜色"，轮廓为"无轮廓"，如图1.2.11和图1.2.12所示。适当拖动文本框位置，达到图1.2.13展示的位置。

（10）参考步骤（6）的方法，将光标定位在首行标题"公司"两个字的后面，选择"插入"功能区"文本"选项组，单击"文本框"按钮，选择"简单文本框"命令，分别插入两个简单文本框。参考步骤（9）的方法，设置文本框的填充为"无填充颜色"，轮廓为"无轮廓"，如图 1.2.13 所示，分别输入文字"简介"和"INTRODUCTION"。设置"简介"为"黑体、二号"，设置"INTRODUCTION"为"Calibri（西文正文）、四号"。

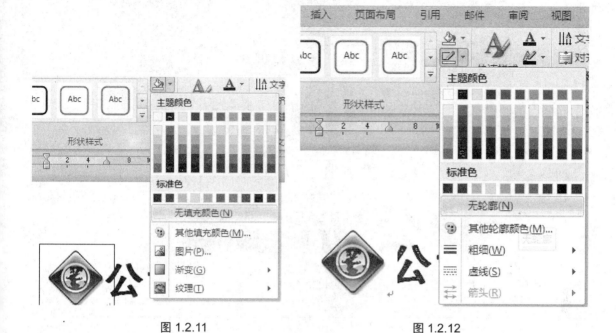

图 1.2.11　　　　　　　　　　　图 1.2.12

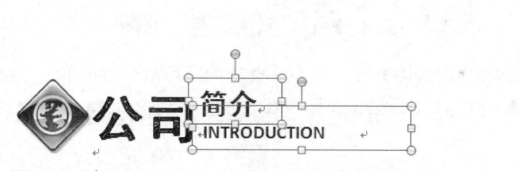

图 1.2.13

（11）设置"INTRODUCTION"的文字颜色和底纹。选中该文字，选择"开始"功能区中的"段落"选项组，单击其中的"底纹"按钮，弹出如图 1.2.14 所示的底纹色彩选项，选择标准色中的"浅蓝色"。单击"字体"选项组中的"字体颜色"按钮，设置字体为"白色"，如图 1.2.15 所示。

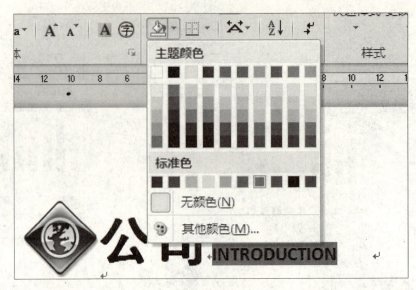

图 1.2.14

图 1.2.15

> **小提示**
>
> 为了实现如图 1.2.15 所示的蓝色长条底纹，可将光标定位在字母 N（第 2 个）之后，然后按键盘的空格键，即可形成蓝色长底纹效果。

（12）设置字符的间距。选中"INTRODUCTION"的文字，单击"字体"选项组的右下角按钮，展开"字体"对话框，如图 1.2.16 所示，选择"高级"选项卡，设置字体的字符间距为"加宽"、"1.5 磅"，单击"确定"按钮即可。

（13）插入公司图片。光标定位在文档结尾，选择"插入"功能区中的"插图"选项组命令，如图 1.2.17 所示，单击"图片"按钮，弹出如图 1.2.18 所示的对话框，找到素材中图片所在的位置（见"项目一\任务二"），选择"海拓公司外景"照片，单击"插入"按钮，即可在文档后面插入一张图片。

图 1.2.16

图 1.2.17

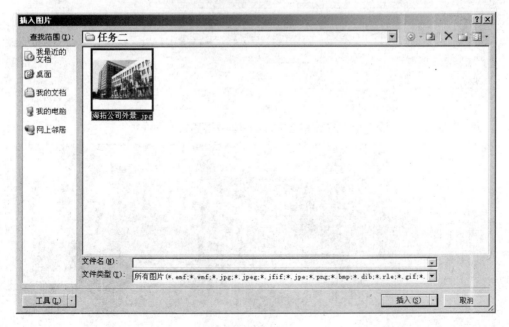

图 1.2.18

（14）设置图片效果。选中插入的公司外景图片，菜单功能区中出现"格式"功能区，在"格式"功能区中，选择"大小"选项组命令，设置大小为高 7 厘米，宽 13 厘米，如图 1.2.19 所示。选择"图片样式"选项组命令，设置图片样式为"映像圆角矩形"，如图 1.2.20 所示。

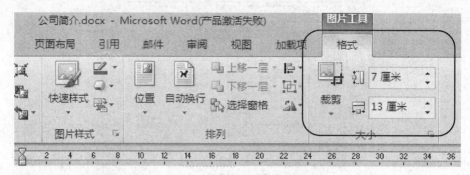

图 1.2.19

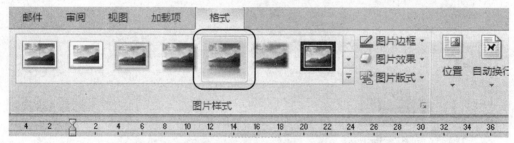

图 1.2.20

（15）设置页面边框。选择"页面布局"功能区中的"页面背景"选项组命令，单击"页面边框"按钮，即可弹出如图 1.2.21 所示的"边框和底纹"对话框，设置"页面边框"，按图中的参数进行设置，选择"三维"样式，颜色为"蓝色"的边框。

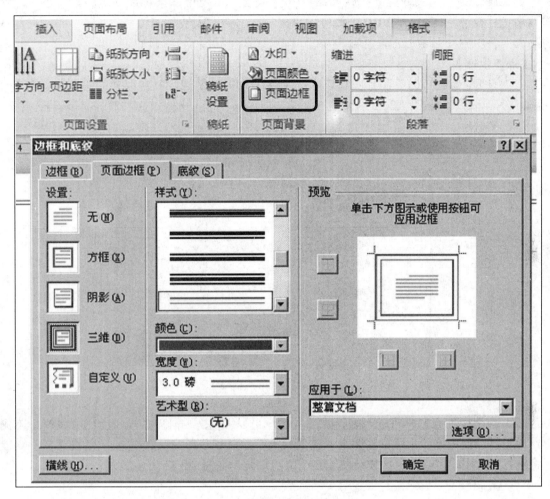

图 1.2.21

至此，任务二结束，效果见"项目一\任务二\最终效果"。

相关知识

1. 文本框

在 Word 2010 中，文本框是可移动、可调大小的文字或图形容器。使用文本框，可以在一页上放置数个文字块，或使文字按与文档中其他文字按不同的方向排列。

Word 2010 中内置有多种文本框样式供用户选择使用，这些样式包括边框类型、填充颜色等项目。下面介绍在 Word 2010 文档中设置文本框样式的步骤。

（1）打开 Word 2010 文档窗口，单击"文本框"按钮，切换到"绘图工具/格式"功能区，在"形状样式"选项组中单击"其他"形状样式按钮。

（2）在打开的文本框样式面板中，选择合适的文本框样式和颜色。

2. 剪贴画

在 Word 2010 文档中可以轻松编辑剪贴画。

剪贴画作为矢量图像是允许用户编辑和修改的，用户可以根据需要对剪贴画的各个组成元素进行设计。在 Word 2010 文档中，首先需要将剪贴画转换成可编辑状态，然后对组成剪贴画的各个独立元素进行设计。

【操作步骤】

（1）打开 Word 2010 文档窗口，右击准备编辑的剪贴画，并在打开的快捷菜单中选择"编辑图片"命令，如图 1.2.22 所示。

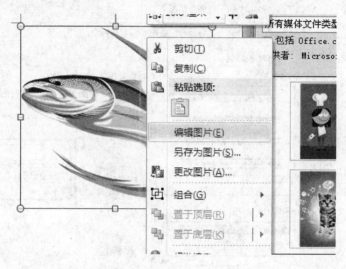

图 1.2.22

（2）被选中的剪贴画将进入编辑状态，用户可以编辑剪贴画中的每一个独立图形。本例中，用户可以自由移动小鱼背部图案或改变其大小。在剪贴画编辑状态下，"绘图工具"功能区将被打开，用户可以使用各种绘图工具编辑剪贴画，如图 1.2.23 所示。

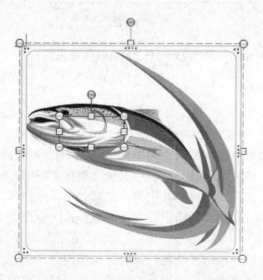

图 1.2.23

> **小提示**
> 如果准备编辑的剪贴画的默认状态不是形状组合，而是一张图片，则可以根据提示将其转换成形状组合，如图 1.2.24 所示。

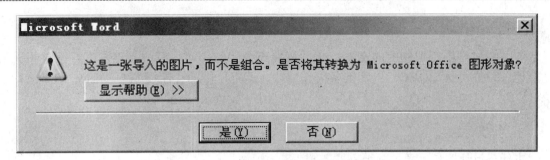

图 1.2.24

3. 插入图片

我们在使用 Word 2010 编辑文档的过程中，经常需要在文档中插入图片。如何更改图片的位置和大小？首先，选中刚刚插入 Word 2010 文档中的图片，将鼠标指针移至图片右下角的控制手柄上，当指针变成双向箭头形状时，按住鼠标左键进行拖动即可把图片放大或缩小，如果想改变图片的位置只要将指针移至图片上方，当指针变成十字箭头形状时按住鼠标左键进行拖动，拖至目标位置后释放鼠标，即可将图片拖到指定位置上。

除了可以在 Word 2010 中拖动鼠标调整图片的大小之外，还可以对图片大小进行精确设置，在"图片工具"的"格式"选项卡的"大小"选项组中，直接在"形状高度"和"形状宽度"文本框中输入数值即可调整图片大小。当把图片拖到指定位置之后，如果还想再精确一点的话，可以先选择图片，按 Ctrl 键与上、下、左、右方向组合键对图片位置进行微调。

实操练习

按照本次任务中介绍的文档制作方法，利用"项目一\任务二"中的"实操练习素材"和"绿苹果公司图"，为绿苹果科技公司设计一份公司宣传介绍文案。

任务考核

搜集你所在的学校的文字介绍和图片等信息，为母校设计一份学校介绍页。

任务三 员工考勤管理制度（Word）

任务描述

经过一段时间的培训，晓欣马上就要进入正式的工作岗位了。而作为一个新员工，熟悉公司的管理制度非常重要。为了加深新员工对公司各项规定制度的了解，培训部的讲师要求晓欣根据公司现有考勤管理制度，制作一份员工考勤管理制度的文案。

任务目标

知识目标： 掌握 Word 2010 中页眉、页脚、页码、艺术字的使用。

技能目标： 学会使用 Word 2010 对文档进行美化，学会编辑制作公司管理制度文案。

情感目标： 培养员工严谨守时的工作态度。

任务分析

为了完成考勤管理制度的文案，晓欣需要充分了解公司现有的管理制度，搜集相关的文字信息和公司的 LOGO。一切准备工作就绪，就可以借助我们强大的 Office 软件进行编辑了。除了对文字的编辑，还要根据需要制作相应的 Word 表格。

任务效果

本任务设计的员工考勤管理制度如图 1.3.1 所示。

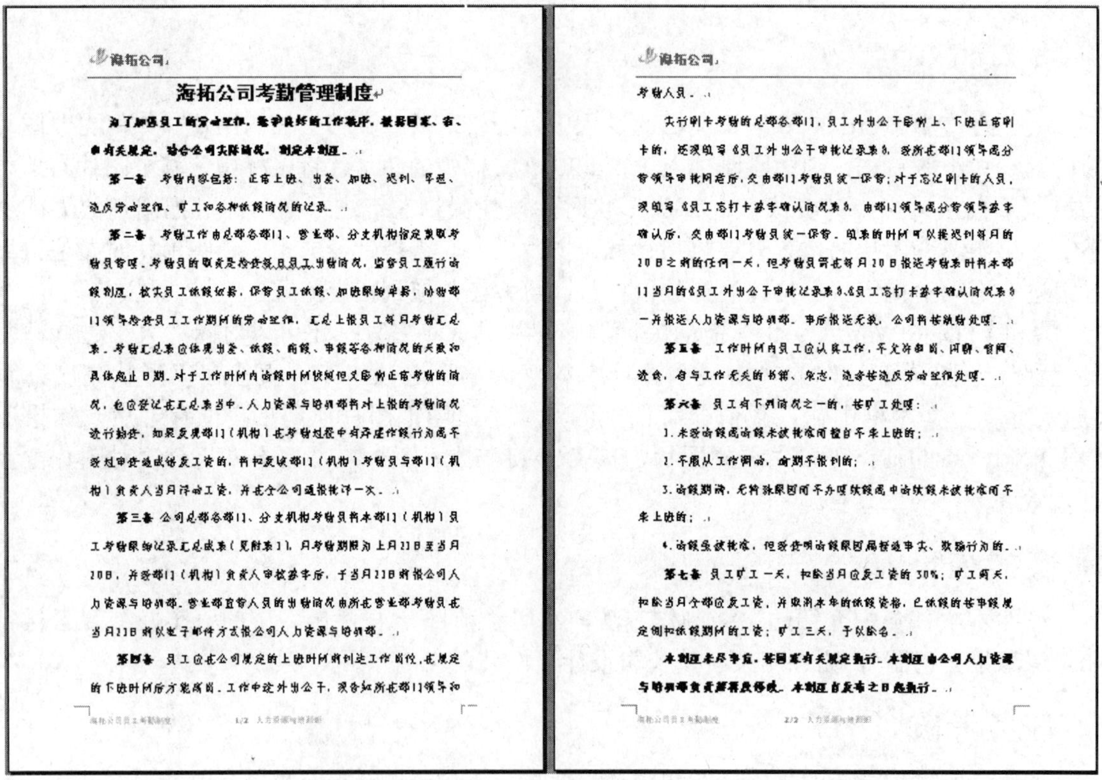

海拓公司

海拓公司考勤管理制度

为了加强员工的劳动纪律，维护良好的工作秩序，根据国家、省、市有关规定，结合公司实际情况，制定本制度。

第一条　考勤内容包括：正常上班、出差、加班、迟到、早退、违反劳动纪律、旷工和各种休假情况的记录。

第二条　考勤工作由总部各部门、营业部、分支机构指定专职考勤员管理。考勤员的职责是检查每日员工出勤情况，监督员工履行请假制度，核实员工休假依据，保管员工休假、加班原始单据，协助部门领导检查员工工作期间的劳动纪律，汇总上报员工每月考勤汇总表。考勤汇总表应体现出差、休假、病假、事假等各种情况的天数和具体起止日期。对于工作时间内请假时间较短但又影响正常考勤的情况，也应登记在汇总表当中。人力资源与培训部将对上报的考勤情况进行抽查，如果发现部门（机构）在考勤过程中有弄虚作假行为或不经过审查造成错发工资的，将扣发该部门（机构）考勤员与部门（机构）负责人当月浮动工资，并在全公司通报批评一次。

第三条　公司总部各部门、分支机构考勤员将本部门（机构）员工考勤原始记录汇总成表（见附表1），月考勤期限为上月21日至当月20日，并经部门（机构）负责人审核签字后，于当月23日前报公司人力资源与培训部。营业部直管人员的出勤情况由所在营业部考勤员在当月23日前以电子邮件方式报公司人力资源与培训部。

第四条　员工应在公司规定的上班时间前到达工作岗位，在规定的下班时间后方能离岗。工作中途外出公干，须告知所在部门领导和

海拓公司员工考勤制度　1/2　人力资源与培训部

海拓公司

考勤人员。

实行刷卡考勤的总部各部门，员工外出公干影响上、下班正常刷卡的，还须填写《员工外出公干审批记录表》，经所在部门领导或分管领导审批同意后，交由部门考勤员统一保管；对于忘记刷卡的人员，须填写《员工忘打卡签字确认情况表》，由部门领导或分管领导签字确认后，交由部门考勤员统一保管。填表的时间可以提前到每月的20日之前的任何一天，但考勤员需在每月20日报送考勤表时将本部门当月的《员工外出公干审批记录表》、《员工忘打卡签字确认情况表》一并报送人力资源与培训部。事后报送无效，公司将按旷勤处理。

第五条　工作时间内员工应认真工作，不允许串岗、闲聊、吃零食，看与工作无关的书籍、杂志，违者按违反劳动纪律处理。

第六条　员工有下列情况之一的，按旷工处理：

1. 未经请假或请假未被批准而擅自不来上班的；

2. 不服从工作调动，逾期不报到的；

3. 请假期满，无特殊原因而不办理续假或申请续假未被批准而不来上班的；

4. 请假虽被批准，但经查明请假原因属挂造事实、欺骗行为的。

第七条　员工旷工一天，扣除当月应发工资的 30%；旷工两天，扣除当月全部应发工资，并取消本年的休假资格，已休假的按事假规定倒扣休假期间的工资；旷工三天，予以除名。

本制度未尽事宜，按国家有关规定执行。本制度由公司人力资源与培训部负责解释及修改。本制度自发布之日起执行。

海拓公司员工考勤制度　2/2　人力资源与培训部

图 1.3.1

工作过程

（1）新建文件名为“海拓公司员工考勤管理制度”的空白文档，并将“项目一\任务三\海拓公司员工考勤管理制度素材”提供的文字录入。保存文档。

（2）设置标题行。选中标题行“海拓公司考勤管理制度”，单击“开始”功能区的“字体”选项组中的按钮，设置为“黑体、二号”，字形加粗，如图 1.3.2 所示；单击“段落”选项组中的“居中”按钮，设置标题“居中对齐”。

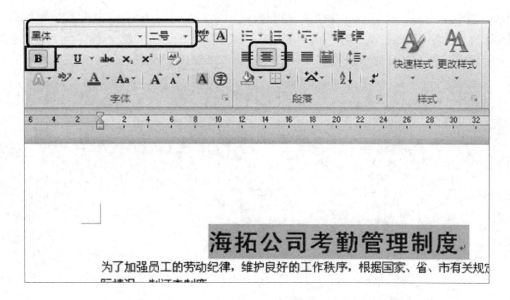

图 1.3.2

（3）设置正文。选中正文部分，设置正文字体为"仿宋_GB2312，四号"。展开"段落"选项组，弹出如图 1.3.3 所示的"段落"对话框，设置段落的"特殊格式"为"首行缩进、2 字符"，设置行距为"1.5 倍行距"。

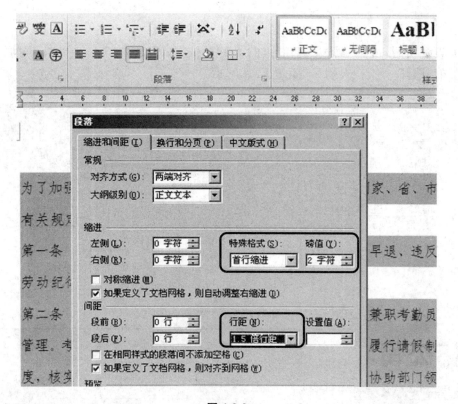

图 1.3.3

（4）选中正文第一行，在"开始"功能区的"字体"选项组中，单击"加粗"按钮，设置其形为"加粗"，如图1.3.4所示。采用同样的方法将正文中"第一条"至"第七条"的文字加粗显示，将正文最后一段设置加粗。

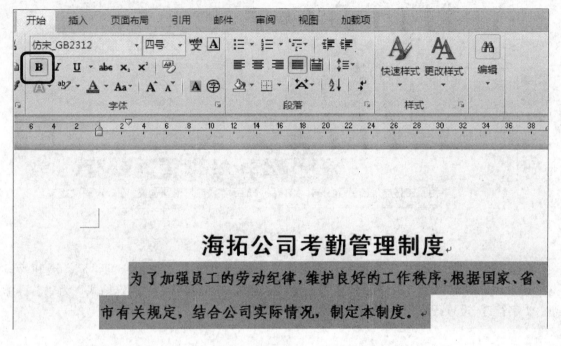

图1.3.4

（5）设置页眉。在"插入"功能区的"页眉和页脚"选项组中，单击"页眉"按钮，在下拉菜单中选择"空白页眉"，如图1.3.5所示。

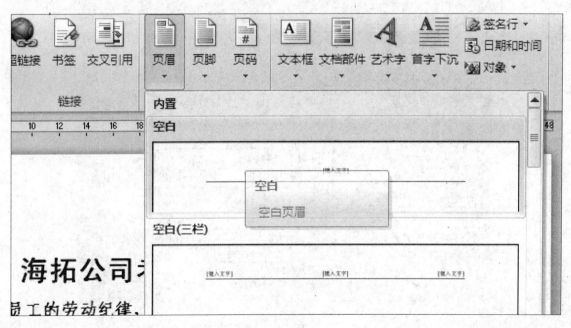

图1.3.5

（6）将光标定位在页眉"键入文字"区域，单击"插入"功能区中的"插图"选项组中的"插图"按钮，找到"项目一\任务三"中提供的"海拓公司 LOGO"图片，如图 1.3.6 所示，单击"插入"按钮，即可在页眉中插入一张图片。

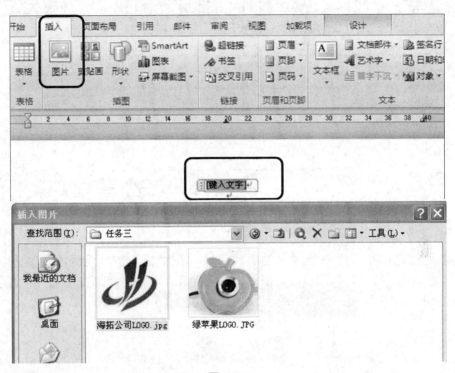

图 1.3.6

（7）设置图片大小及位置。选中插入的"海拓公司 LOGO.jpg"图片，在"格式"功能区中，选择"大小"选项组，设置其大小为高 0.8 厘米，宽 0.9 厘米，如图 1.3.7 所示。在"开始"功能区的"段落"选项组中，单击"文本左对齐"按钮，将图片左对齐，如图 1.3.8 所示。

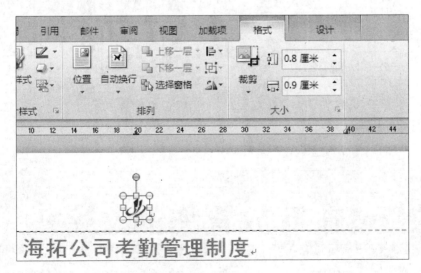

图 1.3.7

图 1.3.8

(8) 将光标定位在页眉中新插入的图片后面,在"插入"功能区的"文本"选项组中,单击"艺术字"按钮,如图 1.3.9 所示,在下拉菜单中选择"渐变填充——蓝色,强调文字颜色 1"的艺术字样式,弹出如图 1.3.10 所示的艺术字输入框。

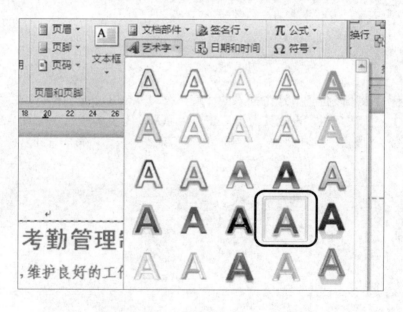

图 1.3.9

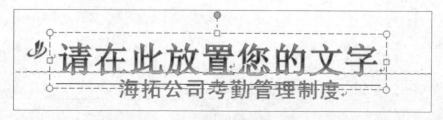

图 1.3.10

（9）在该艺术字输入框里输入"海拓公司"四个字，如图 1.3.11 所示，在开始功能区中的"字体"选项组中，设置艺术字的字号为"小三"，并适当调整艺术字的位置，与 LOGO 标志对齐，如图 1.3.12 所示。

图 1.3.11

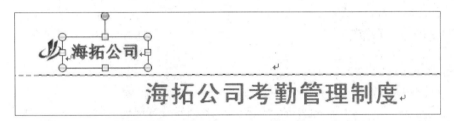

图 1.3.12

（10）将光标定位在"页脚"处，选择新弹出的"页眉和页脚设计"功能区，在"页眉和页脚"选项组中，单击"页脚"按钮，在弹出的下拉菜单中选择"空白（三栏）"选项，如图 1.3.13 所示，即可得到如图 1.3.14 所示的页脚文字输入框。

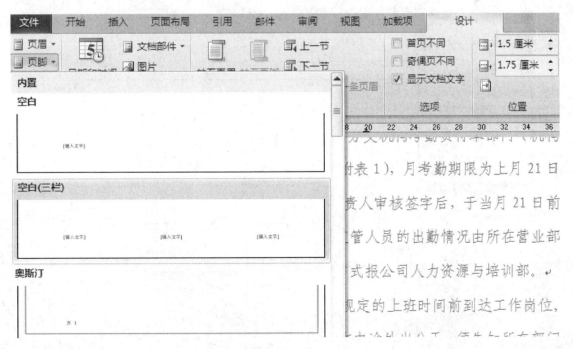

图 1.3.13

图 1.3.14

（11）在左侧"键入文字"处输入"海拓公司员工考勤制度"，右侧输入"人力资源与培训部"，如图 1.3.15 所示。将光标定位在中间的"键入文字"处，在"页眉和页脚设计"功能区的"页眉和页脚"选项组中，单击"页码"按钮，在下拉菜单中选择"当前位置"命令，如图 1.3.16 所示，在下拉菜单中，选择"加粗显示的数字"样式命令。

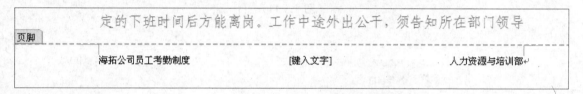

图 1.3.15

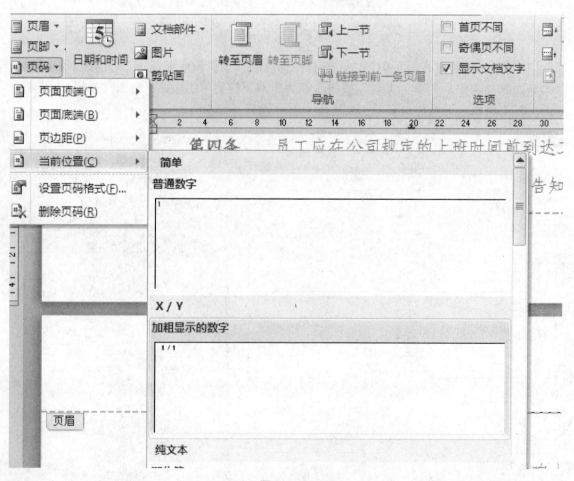

图 1.3.16

（12）在"页眉和页脚工具设计"功能区中，单击"关闭页眉和页脚"命令，如图 1.3.17 所示。

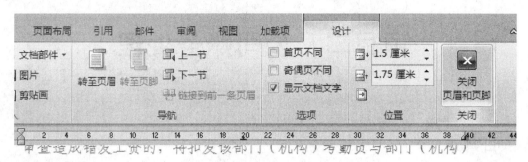

图 1.3.17

至此，任务三结束，效果见"项目一\任务三\最终效果"。

相关知识

页眉页脚与艺术字

1．Office 2010 如何删除页眉、页脚、页眉横线？

双击页眉、页脚或页码，使其处于选择状态，选择页眉、页脚或页码，按 Delete 键即可删除页眉、页脚。但是，通过上面方法，页眉中还留有一条横线无法删除。删除这条页眉横线的方法如下：①选中页眉。②在格式工具栏左边单击"清除格式"按钮即可。

2．在 Word 中设置不同的页眉、页脚

通过"页面布局"选项卡中的"分隔符"按钮，在要设置不同页眉、页脚的页面中插入分节符，把页面分隔开。双击页面顶端进入页眉和页脚设计模式，在"页眉和页脚工具设计"选项卡的导航组中单击"链接到前一条页眉"按钮，取消本节与上一节的链接，就可以随意设置断开链接的节的页眉和页脚了。

3．艺术字

Office 的艺术字是经过专业的字体设计师艺术加工的汉字变形字体，字体特点符合文字含义，具有美观有趣、易认易识、醒目张扬等特性，是一种有图案意味或装饰意味的字体变形。艺术字能从汉字的义、形和结构特征出发，对汉字的笔画和结构做合理的变形装饰，书写出美观形象的变体字。

实操练习

根据"项目一\任务三"中的"实操练习素材"和"绿苹果公司 LOGO"等，为该公司设计一份员工管理制度。

任务考核

为你所在的班级设计一份班级规章制度，设计中需要用到本次任务的新知识，包括艺术字、页眉、页脚等使用。

项目二　公司账务处理

▋▋项目背景

随着公司业务量的增长，财务人员手工处理财务数据、报表的工作日趋烦琐。若使用 Excel 进行账务处理，就是把日常业务发生的会计实务交由 Excel 完成，从而实现公司会计电算化，将工作人员由重复单调的工作中解放出来。使用 Excel 进行账务处理，即使用 Excel 建立账套、会计科目表，实现凭证录入，自动进行科目汇总，最后生成利润表、资产负债表等财务报表。

▋▋项目分析

公司经理将公司会计电算化的工作交给晓欣负责。根据经理布置的工作要求，晓欣对企业进行调研后，发现海拓公司规模不大，业务信息量中等，为满足公司账务处理的需要及相关人员对公司财务制度和会计电算化信息系统的认识，计划了以下的相关任务。

(1) 任务一：建立账套及会计科目代码表（Excel）；
(2) 任务二：凭证及凭证录入（Excel）；
(3) 任务三：科目汇总表（Excel）；
(4) 任务四：利润表及资产负债表（Excel）；
(5) 任务五：企业财务制度（Word）；
(6) 任务六：会计电算化信息系统（PPT）。

▋▋项目目标

本项目主要要求学生学习使用 Excel 2010，完成由建立会计账套到最终生成利润表、资产负债表的整个财务处理过程，可以熟练使用 Excel 2010 建立账套和相关账表，即使用 Excel 2010 建立多个表格，如科目代码表、凭证录入表、科目汇总表、利润表、资产负债表等。在账表的建立过程中，掌握工作表数据之间的引用、公式的定义、函数的使用、格式设置等技能。通过使用 Word 2010 制作企业财务制度，掌握 Word 的排版、页面设置等知识。用 PPT 展示会计电算化信息系统流程，掌握 PPT 的制作、播放等功能。

▋▋项目实施

任务一　建立账套及会计科目代码表（Excel）

▋▋任务描述

账务处理的第一步是建立账套，会计电算化同样需要建立账套，新建一个工作簿文件，在不同的工作表中建立会计相关账表。建立账套就是要录入账套基本信息：包括账套号、账套名称、账套启用日期。建立会计科目代码表，在数据录入、核算及报表生成时，可以省时省力，大大提高工作效率，因此，建立账套和科目代码表是实现会计电算化的基础，所以本任务将在新建的工作簿文件中建立两个表：账套信息表和会计科目代码表。

任务目标

知识目标：掌握在 Excel 2010 中建立表格，录入编辑数据的方法；熟悉合并单元格，调整列宽，添加边框线等单元格格式设置。

能力目标：培养学生根据工作实际利用 Excel 2010 新建账套及会计科目代码表。

情感目标：培养严谨的工作态度和职业素养，提高岗位工作效率。

任务分析

（1）根据建立账套需要的信息，将信息进行整理后，设计公司的账簿信息表。
（2）根据会计准则和公司性质建立会计科目代码表。

任务效果

本任务创建的账簿信息表和会计科目表的效果如图 2.1.1、图 2.1.2 所示。见"项目二\任务一\公司账簿（终）.xlsx"

账簿信息	
编制单位	
所属账务期间	
建表日期	
单位负责人	
账务负责人	
复核人	
制表人	

图 2.1.1

	A	B
1	会计科目表	
2	科目代码	科目名称
3	1001	库存现金
4	1002	银行存款
5	1015	其他货币基金
6	1101	交易性金融资产
7	1121	应收票据
8	1122	应收账款
9	1123	预付账款
10	1131	应收股利
11	1132	应收利息
12	1231	其他应收款
13	1241	坏账准备
14	1321	代理业务资产

图 2.1.2

工作过程

1. 新建文档

单击"开始→程序→Microsoft Office→Microsoft Excel"，打开 Excel 2010。进入空白 Excel 文档界面，单击"文件→保存"，弹出"另存为"对话框，在对话框中找到"保存位置"，选择"2014 年度"文件夹（自己新建一个名为"2014 年度"文件夹），在"文件名"栏输入"公司账簿"，单击"保存"按钮，如图 2.1.3 所示。

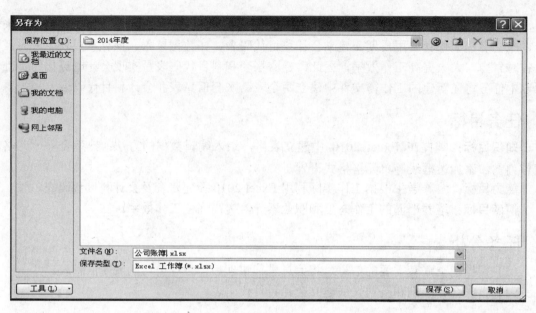

图 2.1.3

2. 建立账簿信息表

1）在工作表 Sheet1 中的单元格中输入数据

单击 A1 单元格，输入"账簿信息"，单击 A3 单元格，输入"编制单位"。按同样的方法，依次在 A4 到 A9 单元格中输入"所属账务期间"、"建表日期"、"单位负责人"、"财务负责人"、"复核人"、"制表人"，如图 2.1.4 所示。

图 2.1.4

2）设置单元格列宽

在输入数据的过程中，有些数据的宽度超过了表格默认的列宽（如"所属账务期间"），要调整列宽。

将光标移动到列标签"A"上并拖动鼠标到列标签"B"，选择"A"和"B"两列，在"开始"选项卡中的"单元格"选项组中，单击"格式"按钮，在弹出的下拉菜单中选择"列宽"命令，设置其列宽为 15，如图 2.1.5 所示。

图 2.1.5

3）合并单元格

单击 A1 单元格并拖动鼠标到 B1 单元格，选择"A1 到 B1 单元格区域（A1:B1）"，在"开始"选项卡中的"对齐方式"选项组中，单击"合并后居中"按钮，则 A1 和 B1 两个单元格合并为一个单元格，并且单元格对齐方式为"居中"，如图 2.1.6 所示。

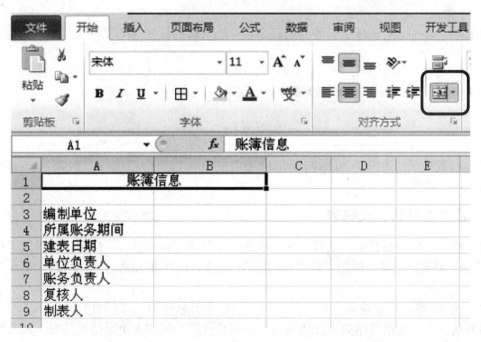

图 2.1.6

4）为表格画边框线

选择 A3 到 B9 单元格。在"开始"选项卡中的"字体"选项组中，单击"所有框线"按钮，在打开的下拉列表中选择"所有框线"命令，如图 2.1.7 所示。此时就出现如图 2.1.1 所示的表格。

图 2.1.7

5）将 Sheet1 改名为"账簿信息"

双击标签名 Sheet1，标签名变为黑底白字，输入新的标签名为"账簿信息"，如图 2.1.8 所示。

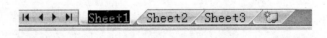

图 2.1.8

在输入数据的过程中，可随时单击快速访问工具栏中的"保存"按钮保存已输入数据，以免丢失数据。

3．建立会计科目代码表

（1）输入会计科目数据。选择"公司账簿"文件中"Sheet2"工作表，改名为"科目代码"。在 A1 单元格中输入标题"会计代码表"，选择 A1:B1 单元格区域，将两个单元格合并后居中。

（2）在 A2 单元格中输入"科目代码"，在 B2 单元格中输入"科目名称"。

（3）从 A3 单元格开始向下分别输入一级科目代码，从 B3 单元格开始向下输入对应的一级科目名称。

（4）在工作中，只有一级科目是不够的，还要根据公司的实际情况增加二级、三级会计科目等。例如，在一级科目 1002 银行存款下增加二级科目 100201 银行存-农业银行，100202 银行存-建设银行，100203 银行存-工商银行，等等。继续输入二级或三级等明细科目代码及名称，见"项目二\任务一\科目代码.doex"，如图 2.1.9 所示。

	A	B	C
82	6601	销售费用	
83	6602	管理费用	
84	6603	财务费用	
85	6701	资产减值损失	
86	140301	原材料-D材料	
87	141101	周转材料-库存未用包装物	
88	160101	固定资产-房屋及建筑物	
89	190101	待处理财产损溢-待处理流动资产损益	
90	200101	短期借款-工商银行	
91	220201	应付账款-甲公司	
92	223101	应付利息-工商银行	
93	500101	生产成本-A产品	
94	510101	制造费用-折旧费	
95	600101	主营业务收入-A产品	
96	660201	管理费用-财产盘亏	
97	660301	财务费用-利息支出	
98			

图 2.1.9

（5）保存，完成本任务。

相关知识

1. Excel 2010 界面

如图 2.1.10 所示为 Excel 2010 界面。

（1）标题栏：位于程序窗口最顶端，标题栏上左边有 Microsoft Excel 的标志及名称，右边有控制程序窗口状态的最大化、最小化、还原、关闭按钮。当工作簿窗口处于最大化时，当前工作簿名称显示在该标题栏上。

（2）快速访问工具栏：设置常用的操作命令按钮，单击可快速实现某项操作。

（3）文件菜单：单击打开"文件"操作菜单，包含"新建"、"保存"、"另存为"等文件操作命令。

（4）功能区及功能选项卡：功能区是将相关的命令和功能组合在一起，并划分为不同的选项卡，由一组选项卡面板组成。各选项卡提供了各种不同的命令，并将相关命令进行了分组，单击选项卡标签可以切换到不同的选项卡上。

（5）名称栏及编辑栏：名称栏显示活动单元格名称，也用于对单元格区域命名；编辑栏用于编辑单元格中的数据或公式。

（6）工作区：用于编辑输入数据的区域。

（7）视图切换区：实现普通视图、页面布局视图和分页预览视图之间的切换。

2. 工作簿及工作表

新建一个 Excel 文件即新建一个工作簿（扩展名或后辍为*.xlsx），默认包含 3 张工作表——Sheet1、Sheet2、Sheet3，用户可以根据需要添加工作表，最多可以有 255 张。

工作表是显示在工作簿窗口中的表格。每个工作表有一个名字，工作表名显示在工作表标签上。

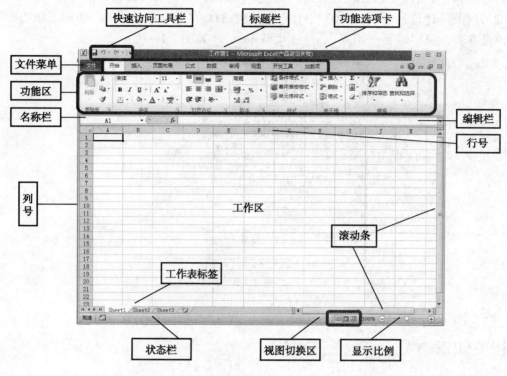

图 2.1.10

3. 单元格、单元格地址及单元格区域

工作表中由行和列交汇构成的方格称为单元格，是组成工作表的基本单位。

单击某单元格，这个单元格的四周显示出粗轮廓线，这样的单元格称为当前活动单元格，输入的数据就存放到当前活动单元格中。

每一个单元格都有一个地址叫"单元格地址"，由行号和列号组成。列号和行号的交叉就确定了每个单元格唯一的一个地址。

单元格区域是指单个的单元格，或者是由多个单元格组成的区域，或者是整行、整列等。表示方法：在该区域左上角单元格地址及右下角单元格地址中间加":"表示。如 A1:C3。A:A 表示 A 列区域，1:1 表示第一行的区域。

4. 行号及列号

行号显示在工作簿窗口的左边，列号显示在工作簿窗口的上边。

行的编号从 1 到 65536，列的编号依次用字母 A，B，…，IV 表示。

5. 行、列的插入

"开始"选项卡中"单元格"选项组中的"插入"命令不仅可以插入工作表行，也可以插入工作表列、单元格和整张工作表，如图 2.1.11 所示。

图 2.1.11

6. 插入工作表行、列、单元格还可以使用快捷菜单完成

选择要插入行、列或单元格位置后，单击鼠标右键，在打开的快捷菜单中选择"插入"命令，在打开的"插入"对话框中选择相应的插入命令，如图 2.1.12 所示。

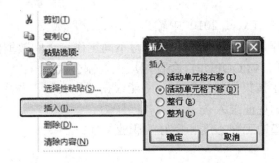

图 2.1.12

实操练习

（1）为严格考勤纪律，公司经理要求设计一份员工考勤签到表，其基本内容包含"员工姓名"、"员工签到"，见"项目二\任务一\员工签到表.xlsx"。

（2）参考《会计原理》教材为绿苹果科技公司设计账簿，建立完整的会计科目表，并增加若干二、三级明细科目。素材见"项目二\任务一\绿苹果科目代码.docx"。效果见"项目二\任务一\绿苹果公司账簿（终）.xlsx"

任务考核

（1）请设计一份标题为"商品进货单"的表格，记录商品进货情况。
① 进货单的标题为相对表格居中对齐。
② 进货单要有"进货日期"、"商品名称"、"单价"、"数量"。
③ 表格要有完整的表格边框线。
（2）请为公司的各种商品编制商品代码表，可以根据代码了解商品所属类别。例如：
10 代表饮料烟酒类，20 代表电器类……
饮料烟酒类可再细分，101 代表饮料类，102 代表香烟类，103 代表酒类……
饮料类可再细分，10101 代表水类，10102 代表饮茶，10103 代表果汁饮料……
水类又可再细分为 1010101，1010102，1010203 等不同品牌。

最终效果见“项目二\任务一\商品进货单及代码.xlsx”。

任务二　凭证及凭证录入（Excel）

任务描述

海拓公司是小型企业，经济业务比较单纯，为了规范公司的业务，财务经理要求晓欣根据公司的的会计账务处理程序和企业活动的特点来为公司设计一个量身定做的记账凭证，不论收款业务、付款业务还是转账业务，都采用统一格式的记账凭证。

设计实用易操作的凭证录入表，可根据原始凭证录入每一笔业务的科目名称，借、贷方数据，并进行借贷平衡校验。

任务目标

知识目标：①掌握在 Excel 2010 中输入文字、录入数据、合并单元格、设置行高列宽、设置边框、使用会计下画线等方法；②学习不同工作表之间数据的引用方法；③掌握公式定义，熟悉函数 LEFT、VLOOPUP，会使用填充复制公式。

能力目标：培养学生搜集资料的能力，并能根据工作实际，利用 Excel 2010 设计公司的通用记账凭证和实用的凭证录入表。

情感目标：培养严谨的工作态度和良好的职业习惯。

任务分析

（1）晓欣分析了一下经理交代的任务，根据需求，搜集了公司常用的纸质记账凭证，分析比对了收款业务、付款业务和转账业务，决定为公司量身定做一份统一的通用记账凭证。

（2）为了实现操作性强的凭证录入界面，使用相关函数建立凭证录入表。在表中输入科目代码后可自动生成对应的科目名称，降低了财务人员的工作强度，同时可以通过校验平衡检查借、贷数据录入是否有误，减少错误。

任务效果

本任务设计的记账凭证如图 2.2.1 所示，凭证录入如图 2.2.2 所示。见“项目二\任务二\公司账簿（终）.xlsx”。

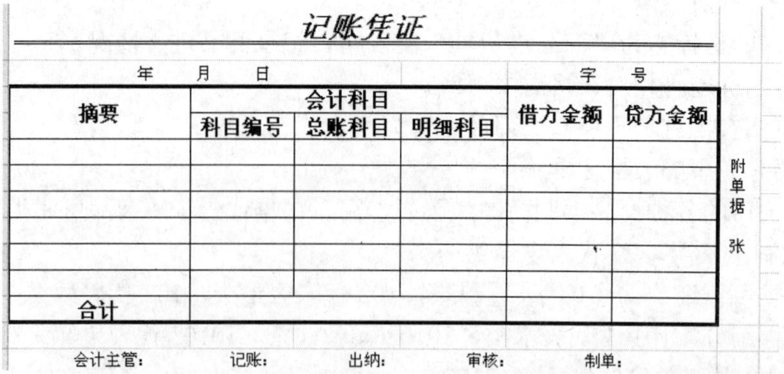
记账凭证

年　月　日　　　　字　号

摘要	会计科目			借方金额	贷方金额
	科目编号	总账科目	明细科目		
合计					

附单据　张

会计主管：　记账：　出纳：　审核：　制单：

图 2.2.1

项目二　公司账务处理 / 35

凭证录入

日期	凭证号	总账科目代码	明细科目代码	明细科目名称	借方	贷方
2014-1-5	00001	1403	140301	原材料-D材料	5,000	
2014-1-5	00001	2202	220201	应付账款-甲公司		5,000
2014-1-6	00002	1002	1002	银行存款	200,000	
2014-1-6	00002	2001	200101	短期借款-工商银行		200,000
2014-1-6	00003	5001	500101	生产成本-A产品	1,000	
2014-1-6	00003	1411	141101	周转材料-库存未用包装物		1,000
2014-1-7	00004	6603	660301	财务费用-利息支出	2,000	
2014-1-7	00004	2231	223101	应付利息-工商银行		2,000
2014-1-7	00005	1002	1002	银行存款	500,000	
2014-1-7	00005	6001	600101	主营业务收入-A产品		500,000
2014-1-12	00006	6602	660201	管理费用-财产盘亏	500	
2014-1-12	00006	1901	190101	待处理财产损溢-待处理流动资产损益		500
2014-1-20	00007	4103	4103	本年利润	2,000	
2014-1-20	00007	6701	6701	资产减值损失		2,000
2014-1-22	00008	1601	160101	固定资产-房屋及建筑物	1,200,000	
2014-1-22	00008	1002	1002	银行存款		1,200,000
2014-1-25	00009	1606	1606	固定资产清理	500	
2014-1-25	00009	1001	1001	现金		500
2014-1-30	00010	5101	510101	制造费用-折旧费	8,000	
2014-1-30	00010	1602	1602	累计折旧		8,000

图 2.2.2

工作过程

1．制作凭证

（1）打开"项目二\任务二\公司账簿（原）.xlsx"文件，选择"Sheet3"工作表，改名为"记账凭证"。

（2）在"记账凭证"工作表输入文字。单元格 A1、A3、A11 中分别输入"记账凭证"、"摘要"、"合计"；单元格 B3、E3、F3 分别输入"会计科目"、"借方金额"、"贷方金额"，单元格 B4、C4、D4 分别输入"科目编号"、"总账科目"、"明细科目"，如图 2.2.3 所示。

	A	B	C	D	E	F	G
1	记账凭证						
2							
3	摘要	会计科目			借方金额	贷方金额	
4		科目编号	总账科目	明细科目			
5							
6							
7							
8							
9							
10							
11	合计						
12							
13							
14							
15							

图 2.2.3

（3）合并单元格。选中单元格 A1:F1，选择"开始"选项卡，单击"对齐方式"选项组中的"合并后居中"按钮，将单元格合并，如图 2.2.4 所示。采用同样的方法合并单元格 A3:A4，B3:D3，E3:E4，F3:F4，B11:D11，如图 2.2.5 所示。

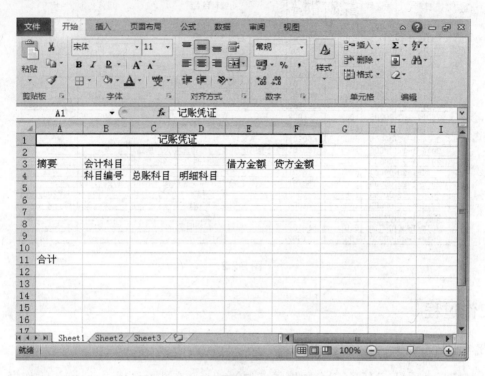

图 2.2.4

图 2.2.5

（4）为表格添加边框。选中 A3:F11 的单元格区域，在"开始"选项卡中的"字体"选项组中，单击"边框"按钮，弹出下拉菜单，如图 2.2.6 所示，单击该菜单最低端的"其他边框"按钮，弹出如图 2.2.7 所示的"设置单元格格式"对话框。用鼠标单击选择"线条样式"中的第 1 列最后一行的单横线，然后再单击右侧"预置"中的"内部"按钮，为表格添加了内部单横线的边框。用同样的方法，单击选择"线条样式"中的第 2 列第 6 行的粗横线，然后再单击右侧"预置"中的"外边框"按钮，为表格添加外部粗线边框。单击"确定"按钮，得到如图 2.2.8 所示的效果。

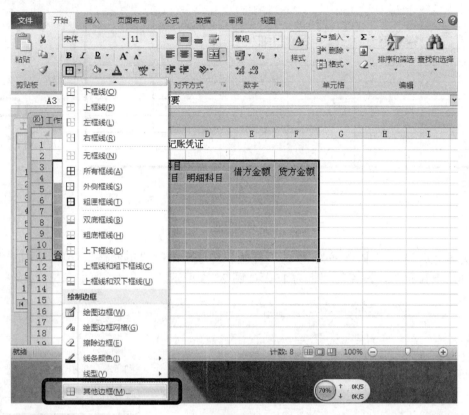

图 2.2.6

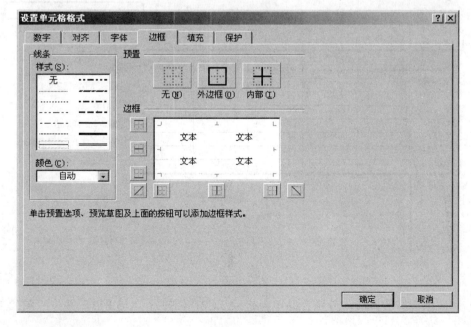

图 2.2.7

	A	B	C	D	E	F	G	H
1				记账凭证				
2								
3	摘要	会计科目			借方金额	贷方金额		
4		科目编号	总账科目	明细科目				
5								
6								
7								
8								
9								
10								
11	合计							
12								
13								

图 2.2.8

（5）设置列宽。选中 A 列，单击"开始"选项卡中的"单元格"选项组中的"格式"按钮，弹出下拉菜单，设置其列宽为 15，如图 2.2.9 所示。

图 2.2.9

（6）用前面同样的方法，分别合并单元格 A2:C2，E2:F2，A13:F13，并按照图 2.2.10 所示，添加相应的文字。

图 2.2.10

（7）设置行高。选中第 1 行，单击"开始"选项卡中的"单元格"选项组中的"格式"按钮，弹出下拉菜单，如图 2.2.11 所示，设置其行高为 40。采用同样的方法，选中第 2 列至第 13 列，设置行高为 16。

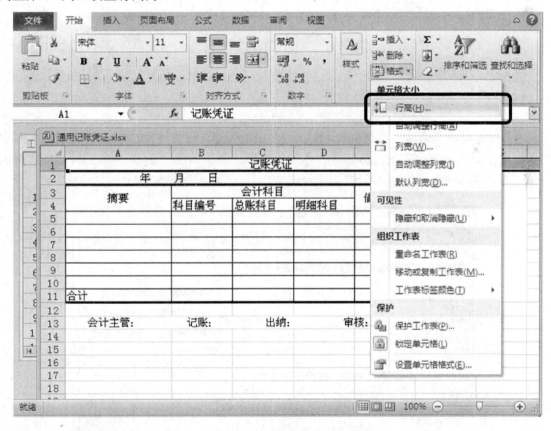

图 2.2.11

（8）选中表格区域 A1:F13，设置文字居中对齐。选中 A3:F3 的区域，在"字体"选项卡中，设置字号为 11、字形加粗，如图 2.2.12 所示。采用同样的方法设置 A11 单元格"合计"两个字的字号为 11，字形加粗；A2:F2 和 A13 单元格的字号为 10。

图 2.2.12

（9）设置会计下画线。将 A1 单元格中的"记账凭证"设置字号为 18，字体加粗倾斜。在 A1 单元格选中的状态下，选择"字体"选项卡，弹出如图 2.2.13 所示的对话框，单击"下画线"下拉菜单，选择"会计用双下画线"，单击"确定"按钮即可。

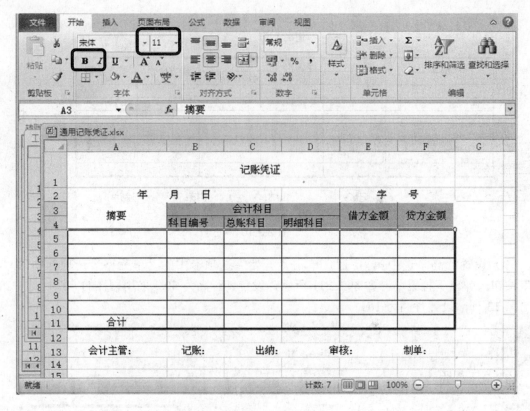

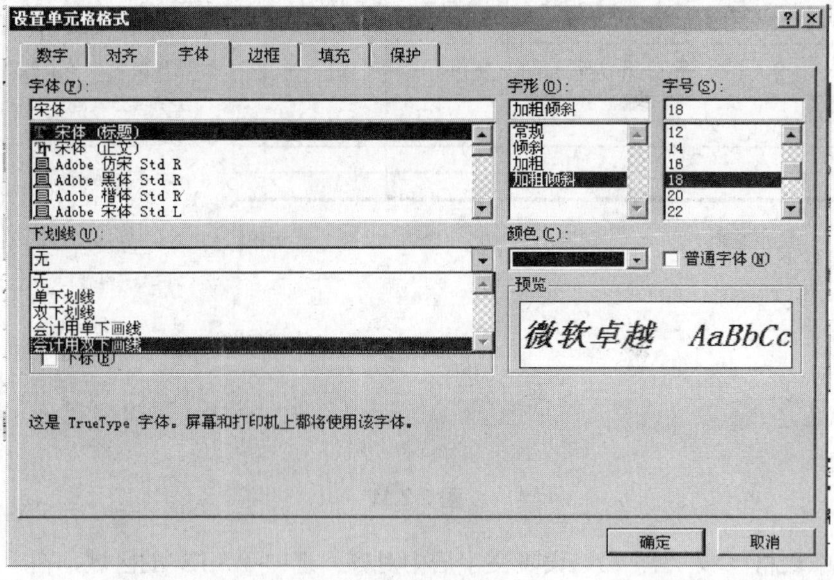

图 2.2.13

（10）设置文字方向。在单元格 G3 中输入文字"附单据　张"，选择"对齐方式"选项卡中的"方向"命令，在弹出的下拉菜单中选择"竖排文字"即可，如图 2.2.14 所示。同时设置文字对齐方式为"左对齐"，字号为 10。

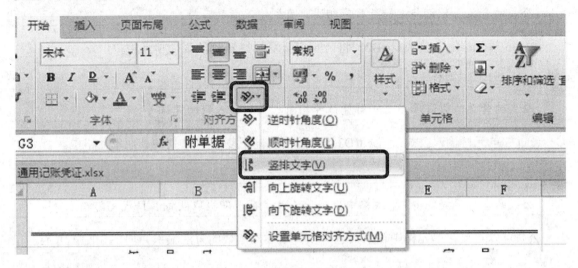

图 2.2.14

2. 凭证录入

（1）在"公司账簿（原）.xlsx"文件中插入一张新工作表，改名为"凭证录入"。

（2）在 A1 单元格输入"凭证录入"，A2 到 I2 单元格输入"日期"、"凭证号"、"总账会计科目代码"、"明细账科目代码"、"明细科目名称"、"借方"、"贷方"、"借方合计"、"贷方合计"，在 J2 单元格输入"分录校验"。

（3）设置单元格格式。

① 选择 A1 至 I1 单元格合并居中，标题字体设置为宋体，字号为 20。

② 设置第 2 行行高为"42"，第 3 行行高为"31.5"。

③ 设置 A 列到 K 列各列宽度为"自动调整列宽"。

④ 从第 2 行开始向下选择若干行，表格字体设置为"宋体"，字号为 10。

⑤ 单元格区域水平及垂直方向居中对齐。在"开始"选项卡中的"对齐方式"选项组中，单击"垂直居中"、"居中"按钮，如图 2.2.15 所示。

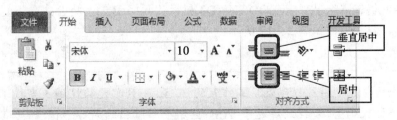

图 2.2.15

⑥ 按效果图为表格绘制边框线。

（4）定义公式。

① A3 单元格输入公式：=A2。选择 A3 单元格，向下拖动填充柄+，将公式向下复制

到 A 列的其他单元格中。

> **小提示**
> 公式的含义：日期与上一行日期相同，直到输入新的日期。

② B3 单元格输入公式：=B2。将公式向下复制到 B 列的其他单元格中。

> **小提示**
> 公式的含义：凭证号与上一行凭证号相同，直到输入新的凭证号。

③ C3 单元格输入公式：=Left(D3,4)。将公式向下复制到 C 列的其他单元格中。

> **小提示**
> 公式的含义：提取 D3 单元格中数据前 4 位字符，即提取明细科目代码前四位。

公式可以直接在单元格中输入，也可以使用插入函数的方法输入，如图 2.2.16 所示。

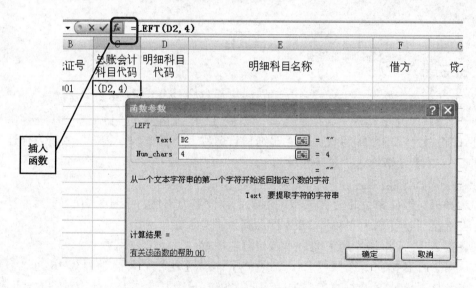

图 2.2.16

④ E3 单元格输入公式：=VLOOKUP(D3,科目代码!A:B,2)。将公式向下复制到 E 列的其他单元格中。插入函数如图 2.2.17 所示。

> **小提示**
> 公式的含义：在"科目代码表"工作表的 A 至 B 列单元格区域内查找 D3 单元格数据（即明细科目代码），查找到后返回 A:B 区域中所对应的第 2 列数据（即明细科目名称）。

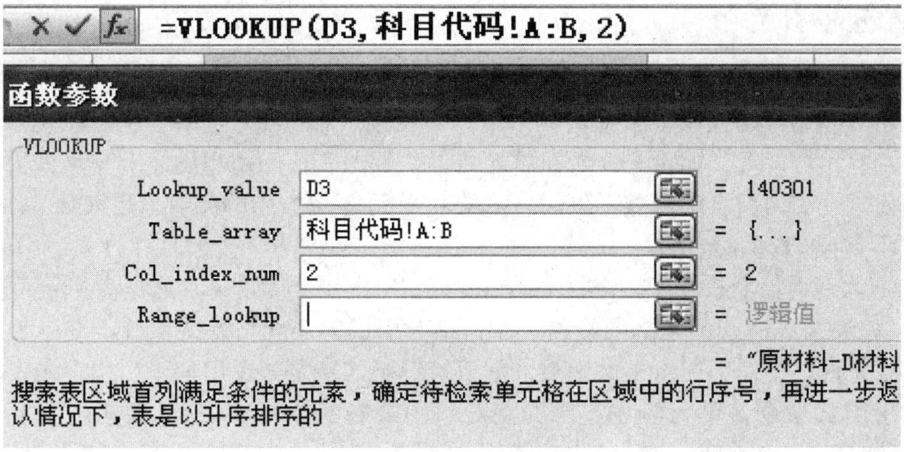

图 2.2.17

（5）参照图 2.2.2，录入数据，（见"项目二\任务二\凭证数据.xlsx"）验证表格。

① "日期"和"凭证号"只需在录入第一笔业务或日期和凭证号有改变时再输入新的日期和凭证号，否则，公式自动调用上一行的日期和凭证号。这样，一方面可以减少输入强度，另一方面可保证同一笔业务的凭证号相同。

② 手工将借方发生额和贷方发生额数据录入到"借方"、"贷方"栏。

③ 以上数据录入完成后，其他各栏数据将由公式自动计算生成。

相关知识

1. 插入工作表

单击工作表标签栏的"插入工作表"可以插入新的工作表，如图 2.2.18 所示。

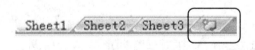

图 2.2.18

2. 公式

公式是 Excel 工作表中进行数值计算的等式。公式输入是以"="开始的。简单的公式有加、减、乘、除等计算。复杂一些的公式可能包含函数、单元格引用、运算符和常量。

3. 函数

函数其实是一些预定义的公式，它们使用一些称为参数的特定数值按特定的顺序或结构进行计算，用户可以直接用它们对某个区域内的数值进行一系列运算。Excel 函数一共有 11 类，分别是数据库函数、日期与时间函数、工程函数、财务函数、信息函数、逻辑函数、查询和引用函数、数学和三角函数、统计函数、文本函数及用户自定义函数。

4．单元格引用

单元格引用包括相对引用、绝对引用和混合引用三种方式。

（1）相对引用：对引用公式中的相对单元格引用（如 A1）是基于包含公式和单元格引用的单元格的相对位置。如果公式所在单元格的位置改变，引用也随之改变。如果多行或多列地复制公式，引用会自动调整。例如，如果将单元格 B2 中的相对引用（如 A1）复制到单元格 B3，将自动调整到 A2。

（2）绝对引用：对引用单元格中的绝对单元格引用（如$F$6）总是在指定位置引用单元格 F6。如果公式所在单元格的位置改变，绝对引用的单元格始终保持不变。如果多行或多列地复制公式，绝对引用将不做调整。默认情况下，新公式使用相对引用，需要将它们转换为绝对引用。如果将单元格 B2 中的绝对引用复制到单元格 B3，则在两个单元格中一样，都是$F$6。

（3）混合引用：混合引用具有绝对列和相对行，或是绝对行和相对列。绝对引用列采用$A1、$B1 等形式。绝对引用行采用A$1、B$1 等形式。如果公式所在单元格的位置改变，则相对引用改变，而绝对引用不变。如果多行或多列地复制公式，相对引用自动调整，而绝对引用不做调整。如果将一个混合引用从 A2 复制到 B3，它将从"=A$1"调整到"=B$1"。

5．不同工作表之间的数据引用

引用同一工作簿（即同一个文件）中其他工作表中的数据，在引用的单元格前应加"工作表名"。例如，在 Sheet2 工作表 C4 单元格中输入如下公式：=Sheet1!C4，按回车键，即可显示出来结果为 Sheet1 表 A4 单元格数据。

6．公式复制

（1）使用"复制"、"粘贴"命令复制公式。

（2）使用拖动填充柄复制公式。

7．填充柄的使用

（1）填充柄：选择单元格，把鼠标移动到单元格右下角，鼠标由空心十字变成实心十字。

（2）用来填充序列，如等差数列、等比数列、自定义序列。所谓的序列就是呈现一定规律变化的一组数据。

（3）用于复制。在下拉填充之后，在区域最小角会出现填充提示的虚线框，单击之后可以选择是序列还是复制。

（4）公式复制填充。借助相对引用和绝对引用的变化，使得公式可以按同样规律套用。

8．LEFT 函数

LEFT 函数：文本函数，返回字符串左部指定个数的字符。

格式：LEFT(string, n)

参数说明：string 为字符串，其最左边的那些字符将被返回。

　　　　　n 指出将返回多少个字符。

9. VLOOKUP 函数

VLOOKUP 函数：查找与引用函数。按列查找，最终返回该列所需查询列序所对应的值。

格式：VLOOKUP(lookup_value,table_array,col_index_num,range_lookup)

参数说明：lookup_value 为需要在数据表第一列中进行查找的数值，可以为数值、引用或文本字符串。

table_array 为需要在其中查找数据的数据表，使用对区域或区域名称的引用。

col_index_num 为 table_array 中待返回的匹配值的列序号。

range_lookup 为一逻辑值，指明函数 VLOOKUP 查找时是精确匹配，还是近似匹配。如果为 FASLE 或 0，则返回精确匹配；如果为 TRUE 或 1，函数 VLOOKUP 将查找近似匹配值。

实操练习

使用"项目二\任务二"中的素材"收款凭证.docx"，"绿苹果公司凭证数据.docx"，"绿苹果公司账簿（原）.xlsx"完成以下任务。

（1）按照前面内容的提示，制作一份通用收款凭证。

（2）制作凭证录入表，录入数据。最终效果见"项目二\任务二\绿苹果公司账簿（终）.xlsx"。

任务考核

（1）制作转账凭证。根据如图 2.2.19 制作转账凭证。素材见"项目二\任务二\转账凭证.doex"。

图 2.2.19

（2）制作余额表。制作如图 2.2.20 所示的余额表。素材见"项目二\任务二\余额表（原）.xlsx"。

① 根据科目代码使用函数 VLOOKUP 生成科目名称。

② 根据科目类型定义公式计算"本期余额"。其中资产、成本、费用类账户本期余额=上期余额+本期借方发生额-本期贷方发生额；负债、所有者权益、收入类账户本期余额=上期

余额+本期贷方发生额-本期借方发生额。

最终效果见"项目二\任务二\转账凭证.xlsx 和余额表（终）.xlsx"。

	A	B	C	D	E	F
1				余额表		
2	科目代码	科目名称	上期余额	本期借方发生额	本期贷方发生额	本期余额
3	1001	库存现金				0.00
4	1002	银行存款				0.00
5	100201	银行存款-农业银行				0.00
6	10020101	银行存款-农业银行_江北支行				0.00
7	100202	银行存款-建设银行				0.00
8	100203	银行存款-工商银行				0.00
9	1015	其他货币基金				0.00
10	1101	交易性金融资产				0.00
11	1121	应收票据				0.00
12	1122	应收账款				0.00
13	112201	应收账款-工程款				0.00
14	11220101	应收账款-工程款-A公司				0.00
15	11220102	应收账款-工程款-B公司				0.00
16	112202	应收账款-购货款				0.00
17	11220201	应收账款-购货款-A工厂				0.00

图 2.2.20

任务三　科目汇总表（Excel）

任务描述

科目汇总表是根据一定时期内的全部记账凭证，按科目作为归类标志进行编制的。首先，将汇总期内各项经济业务所涉及的会计科目填制在"会计科目"栏；然后，根据汇总期内的全部记账凭证，按会计科目分别加总借方发生额和贷方发生额，并将其填列在相应会计科目行的"借方金额"和"贷方金额"栏；最后，将汇总完毕的所有会计科目的借方发生额和贷方发生额汇总，进行发生额的试算平衡。

任务目标

知识目标：熟悉 Excel 2010 中函数的使用，掌握函数 IF、OR、LEFT、SUMIF、VLOOKUP 的使用；掌握条件格式的使用。

能力目标：培养学生根据实际工作需要，利用 Excel 2010 公式及函数自动生成财务表格相关数据。

情感目标：增强学生职业精神，提高岗位工作效率。

任务分析

（1）利用任务二中已建立的凭证录入表，在本项目建立科目汇总表，使用函数及公式生成表中的各项数据。

（2）编制科目汇总表可以清晰地了解每个科目的发生额情况，它也是生成报表的基础。

任务效果

本任务设计的科目汇总表如图 2.3.1 所示，见“项目二\任务三\公司账簿（终）.xlsx”。

科目汇总表						
	科目平衡校验	平衡				
科目代码	科目名称	科目代码首位	借贷方向	借方发生额合计	贷方发生额合计	科目余额
1001	现金	1	借	0	500	(500)
1002	银行存款	1	借	700,000	1,200,000	(500,000)
1012	其他货币资金	1	借	0	0	0
1101	交易性金融资产	1	借	0	0	0
1121	应收票据	1	借	0	0	0
1122	应收账款	1	借	0	0	0
1123	预付账款	1	借	0	0	0
1131	应收股利	1	借	0	0	0
1132	应收利息	1	借	0	0	0
1221	其他应收款	1	借	0	0	0
1231	坏账准备	1	借	0	0	0
1401	材料采购	1	借	0	0	0
1402	在途物资	1	借	0	0	0
1403	原材料	1	借	5,000	0	5,000
1404	材料成本差异	1	借	0	0	0
1405	库存商品	1	借	0	0	0
1406	发出商品	1	借	0	0	0

图 2.3.1

工作过程

1. 建立科目汇总表

（1）打开“项目二\任务三\公司账簿（原）.xlsx”文件，插入一张新工作表，改名为“科目汇总”。

（2）将 A1:G1 单元格区域合并后居中，输入“科目汇总表”；在 B2 单元格中输入“科目平衡校验”。

（3）在 A3 到 G3 单元格中分别输入汇总表各列名称。

（4）为整个表添加内外边框线。

建好的科目汇总表，如图 2.3.2 所示。

科目汇总表						
	科目平衡校验					
科目代码	科目名称	科目代码首位	借贷方向	借方发生额合计	贷方发生额合计	科目余额

图 2.3.2

2. 定义公式

（1）"科目名称"列公式。选择 B4 单元格，输入公式"=VLOOKUP(A4,科目代码!A:B, 2)"，如图 2.3.3 所示。

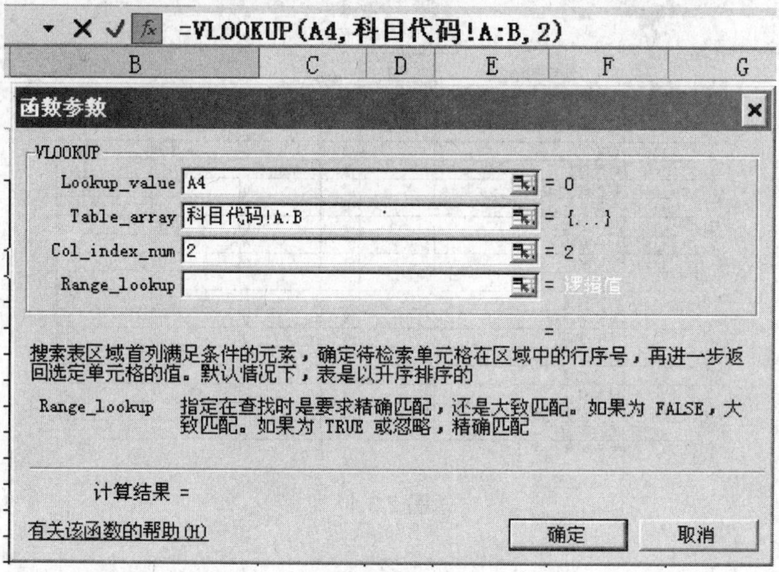

图 2.3.3

> 小提示
>
> 公式的含义：在"科目代码"工作表的 A 到 B 列单元格区域内查找 A4 单元格数据（即科目代码），查找到后返回 A:B 区域中所对应的第 2 列数据（即科目名称）。

（2）定义"科目代码首位"列公式。选择 C4 单元格，输入公式"=LEFT(A4,1)"，如图 2.3.4 所示。

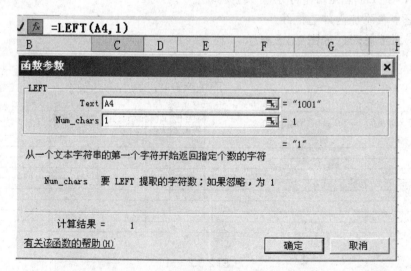

图 2.3.4

> **小提示**
> 公式的含义是：提取 A4 单元格内数据左边一个字符，即科目代码第一位数。

（3）定义"借贷方向"列公式。选择 D4 单元格，输入公式"=IF(OR(C4="1",C4="4",C4="5"),"借","贷")"，如图 2.3.5 所示。

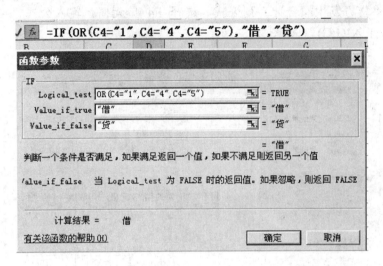

图 2.3.5

> **小提示**
> 公式的含义：如果 C4 单元格内数据是 "1"、"4"、"5" 其中一个，返回 "借"，否则返回 "贷"。即资产、成本、费用类账户的借贷方向为借；负债、所有者权益，收入类账户的借贷方向为贷。

在 IF 函数中又使用了一个 OR 函数，称为函数的嵌套。

（4）定义"借方发生额合计"列公式。选择 E4 单元格，输入公式"=SUMIF(凭证录入!C:C,A4,凭证录入!F:F)"，如图 2.3.6 所示。

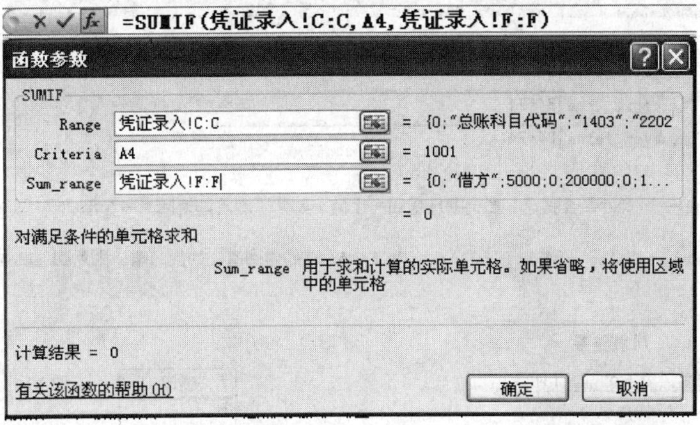

图 2.3.6

> 小提示
>
> 公式的含义：在"凭证录入"工作表 C 列中查找 A4 单元格数据（即科目代码为 1001），查找后将对应的"凭证录入"工作表 G 列所有数据求和汇总，即将凭证录入表中某一科目（A4 单元格对应的科目）借方数据求和。

（5）定义"贷方发生额合计"列公式。选择 F4 单元格，输入公式"=SUMIF(凭证录入!C:C,A4,凭证录入!G:G)"，如图 2.3.7 所示。

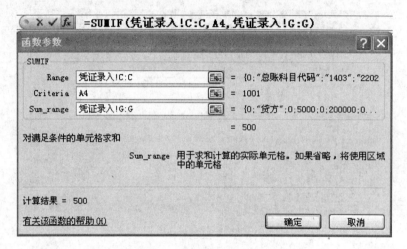

图 2.3.7

> 小提示
>
> 公式的含义：将凭证录入表中某一科目（A4 单元格对应的科目）贷方数据求和。

（6）定义"科目余额"列公式。选择 G4 单元格，输入公式"=IF(D4="借",E4-F4,F4-E4)"，如图 2.3.8 所示。

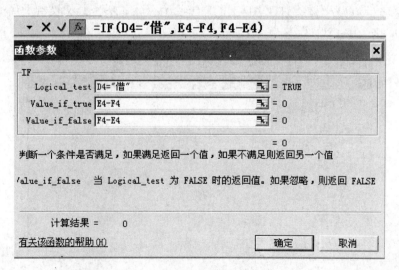

图 2.3.8

> **小提示**
> 公式的含义：如果 D4 单元格内数据是"借"，返回"借方发生额"减去"贷方发生额"的值，否则返回"贷方发生额"减去"借方发生额"的值。

（7）使用填充的方法复制以上各列定义公式。

（8）科目汇总平衡校验公式的定义。科目汇总表中各个会计科目的借方发生额合计与贷方发生额合计应该相等，因此，科目汇总表具有试算平衡的作用。

在 C2 单元格中输入公式"=IF(SUM(E:E)=SUM(F:F),"平衡","不平衡")"，如图 2.3.9 所示。

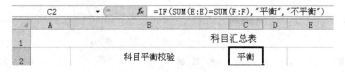

图 2.3.9

> **小提示**
> 公式的含义：如果 E 列的数值总和与 F 列的数值总和相等，返回"平衡"，否则返回"不平衡"。

3. 设置数据格式

由于"借方发生额合计"、"贷方发生额合计"两列数据可能为负数，因此设置这两列单元格数据格式为：当单元格数值为负数时，用"()"表示。

选中 F 列和 G 列，在"开始"选项卡中的"单元格"选项组中，单击"格式"下拉按钮，如图 2.3.10 所示，在打开的下拉菜单中选择"设置单元格格式"命令，弹出"设置单元格格式"对话框，在"数字"选择卡中选择负数的格式，如图 2.3.11 所示。

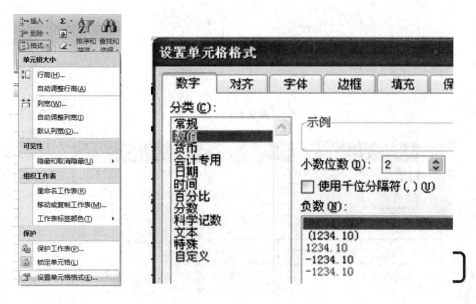

图 2.3.10　　　　　　　　　图 2.3.11

4. 设置条件格式

为突出校验结果，为 C2 单元格设置背景和文本颜色。

单击 C2 单元格，在"开始"选项卡中的"样式"选项组中，单击"条件格式"下拉按钮，如图 2.3.12 所示。在打开的下拉菜单中选择"突出显示单元格规则"命令，打开级联菜单，选择"等于"命令，如图 2.3.13 所示，弹出"等于"对话框，在"为等于以下值的单元格设置格式"栏输入"平衡"，在"设置为"下拉菜单中选择"绿填充色深绿色文本"，如图 2.3.14 所示。

使用同样的方法，设置"不平衡"时的格式为"浅红色填充色深红色文本"。

图 2.3.12

图 2.3.13

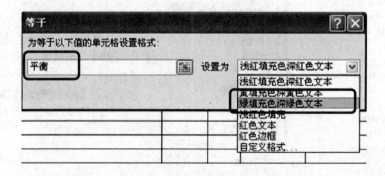

图 2.3.14

5. 录入"科目代码"列数据

参照本项目任务一，在本列输入一级科目代码，其他各列数据则由公式自动生成。

6. 保存

单击"保存"按钮，将设计好的表格保存，此时完成本任务。

相关知识

（1）OR 函数：逻辑函数。任何一个参数逻辑值为 TRUE，即返回 TRUE；所有参数的逻辑值为 FALSE，才返回 FALSE。

格式：OR(logical1,logical2...)

参数说明：logical1,logical2...为需要进行检验的 1~30 个条件表达式。

（2）SUMIF 函数：数学与三角函数。根据指定条件对若干单元格、区域或引用求和。

格式：SUMIF(range，criteria，sum_range)

参数说明：range 为条件区域，用于条件判断的单元格区域。

criteria 是求和条件，由数字、逻辑表达式等组成的判定条件。

sum_range 为实际求和区域，需要求和的单元格、区域或引用。

（3）IF 函数：逻辑函数。根据逻辑计算的真假值，返回不同结果。可以使用函数 IF 对数值和公式进行条件检测。

格式：IF(logical_test,value_if_true,value_if_false)

参数说明：logical_test 表示计算结果为 TRUE 或 FALSE。

value_if_true 表示 logical_test 为 TRUE 时返回的值。

value_if_false 表示 logical_test 为 FALSE 时返回的值。

实操练习

使用素材"项目二\任务三\绿苹果公司账簿（原）.xlsx"。制作科目汇总表。最终效果见"项目二\任务三\绿苹果公司账簿（终）.xlsx"。

任务考核

制作商品销售单及销售汇总表，分别如图 2.3.15、图 2.3.16 所示。

销售单					
商品代码	商品分类	商品名称	单价	数量	销售金额
1010101	101	利源纯净水	1.10	120	132
1010301	101	美宝苹果汁	2.50	80	200
2010101	201	美新冰箱	1800.00	5	9000
1010103	101	怡山矿泉水	1.20	200	240
2050101	205	新星电视机	2250.00	10	22500
2020102	202	飞翔空调	2780.00	3	8340
1010101	101	利源纯净水	1.10	150	165
1010301	101	美宝苹果汁	2.50	100	250
1010302	101	美宝鲜果粒	2.70	60	162
2050102	205	康惠电视机	2880.00	8	23040
1010102	101	罗宝矿泉水	1.20	200	240
1010101	101	利源纯净水	1.10	70	77
1010103	101	怡山矿泉水	1.20	50	60

图 2.3.15

	A	B	C
1		销售汇总	
2	商品分类	商品名称	销售总额
3	101	饮料	1526
4	102	香烟	0
5	103	酒类	0
6	201	制冷电器	9000
7	202	空调电器	8340
8	203	厨房电器	0
9	204	清洁电器	0
10	205	声像电器	45540

图 2.3.16

（1）"商品分类"使用 LEFT 生成，"商品名称"根据商品分类代码使用 VLOOKUP 函数从"商品代码"（任务一任务考核）生成，销售金额=单价×数量。

（2）"销售总额"使用 SUMIF 函数，根据"销售单"数据汇总。

最终效果见"项目二\任务三\销售单.xlsx"。

任务四　利润表及资产负债表（Excel）

任务描述

在企业众多的财务报表中，对外公布的报表主要是资产负债表、利润表、财务状况变动表。资产负债表反映了某一时期企业报告日的财务状况，它的基本结构是"资产=负债+所有者权益"。左边反映的是公司所拥有的资源；右边反映的是公司的不同权利人对这些资源的要求。利润表反映企业某个报告期的盈利情况及盈利分配，通过利润表，可以反映企业一定会计期间的收入实现情况、费用耗费情况，了解企业生产经营活动的成果。将利润表中的信息与资产负债表中的信息相结合，还可以提供进行财务分析的基本资料，便于会计报表使用者判断企业未来的发展趋势，做出经济决策。

任务目标

知识目标：熟悉 Excel 2010 中公式的定义和使用。
能力目标：培养学生根据实际工作利用 Excel 2010 公式生成财务报表。
情感目标：增强学生职业精神，提高岗位工作效率。

任务分析

（1）制作利润表。
（2）制表资产负债表。

任务效果

本任务设计的利润表和资产负债表分别如图 2.4.1、图 2.4.2 所示。见"项目二\任务四\公司账簿(终).xlsx"。

	A	B	C	D	E
1		利润表			
2				会企 表	
3	编制单位:	年 月 日		单位:元	
4					
5		项 目	行次	本年金额	上年金额
6	一、营业收入		1		421,160
7	减:	营业成本	2		257,650
8		营业税金及附加	3		6,250
9		销售费用	4		3,000
10		管理费用	5		42,313
11		财务费用(收益以"+"号填列)	6		17,675
12		资产减值损失	7		
13	加:	公允价值变动净值收益(净损失以"-"号填列)	8		
14		投资收益(损失以"-"号填列)	9		1,000
15	二、营业利润(亏损以"-"号填列)		10		95,272
16	加:	营业外收入	11		11,300
17	减:	营业外支出	12		6,072
18		其中:非流动资产处置损失(收益以"-"号填列)	13		
19	三、利润总额 (亏损总额以"-"号填列)		14		100,500
20	减:	所得税费用	15		33,165
21	四、净利润(净亏损以"-"号填列)		16		67,335
22	五、每股收益		17		0.0962
23	(一)	基本每股收益	18	X	0.0962
24	(二)	稀释每股收益	19	X	X

图 2.4.1

	A	B	C	D	E	F	G	H
1				资产负债表				
2	时间:							
3		资产	期末余额	年初余额	负债和所有者权益(或股东权益)		期末余额	年初余额
4	流动资产:				流动负债:			
5		货币资金		140,300		短期借款		202,600
6		交易性金融资产		20,000		交易性金融负债		
7		应收票据		2,000		应付票据		104,180
8		应收账款		14,000		应付账款		74,600
9		预付账款		4,000		预收账款		
10		应收利息				应付职工薪酬		12,660
11		应收股利				应交税费		14,200
12		其他应收款		12,000		应付利息		15,200
13		存货		420,000		应付股利		24,860
14		一年内到期的非流动资产				其他应付款		
15		其他流动资产				一年内到期的非流动负债		7,600
16		流动资产合计	0	612,300		其他流动负债		
17	非流动资产:				流动负债合计		0	456,100
18		可供出售金融资产			非流动负债:			
19		持有至到期投资				长期借款		100,000
20		投资性房地产				应付债券		120,000
21		长期股权投资		100,000		长期应付款		
22		长期应收款				专项应付款		
23		固定资产		536,000		预计负债		
24		在建工程		14,000		递延所得税负债		
25		工程物资				其他非流动负债		
26		固定资产清理				非流动负债合计	0	220,000
27		生产性生物资产				负债合计	0	676,100
28		油气资产			所有者权益(或股东权益):			
29		无形资产		120,000		实收资本(或股本)		700,000
30		开发支出				资本公积		10,200
31		商誉				减:库存股		
32		长期待摊费用		50,000		盈余公积		28,000
33		递延所得税资产				未分配利润		20,000
34		其他非流动资产				所有者权益(或股东权益)合计	0	758,200
35		非流动资产合计	0	822,000				
36		资产合计	0	1,434,300	负债和所有者(或股东)权益合计		0	1,434,300

图 2.4.2

工作过程

1. 建立利润表

（1）打开"项目二\任务四\公司账簿（原）.xlsx"文件，插入一张新的工作表，改名为"利润表"。

（2）参照图 2.4.1 建立一张空的"利润表"，即除"本年金额"列和"上年金额"列的数字外，在其他单元格输入对应数据，如图 2.4.3 所示。

	A	B	C	D	E
1		利润表			
2					会企 表
3	编制单位：	年 月 日		单位：元	
4					
5	项	目	行次	本年金额	上年金额
6	一、营业收入		1		
7	减：	营业成本	2		
8		营业税金及附加	3		
9		销售费用	4		
10		管理费用	5		
11		财务费用（收益以"-"号填列）	6		
12		资产减值损失	7		
13	加：	公允价值变动净值收益（净损失以"-"号填列）	8		
14		投资收益（损失以"-"号填列）	9		
15	二、营业利润（亏损以"-"号填列）		10		
16	加：	营业外收入	11		
17	减：	营业外支出	12		
18	其中：	非流动资产处置损失（收益以"-"号填列）	13		
19	三、利润总额（亏损总额以"-"号填列）		14		
20	减：	所得税费用	15		
21	四、净利润（净亏损以"-"号填列）		16		
22	五、每股收益		17	X	X
23	（一）	基本每股收益	18	X	X
24	（二）	稀释每股收益	19	X	X

图 2.4.3

（3）定义公式。

D15 单元格公式：=D6-D7-D8-D9-D10-D11-D12+D13+D14

E15 单元格公式：=E6-E7-E8-E9-E10-E11-E12+E13+E14

D19 单元格公式：=D15+D16-D17

E19 单元格公式：=E15+E16-E17

D21 单元格公式：=D19-D20

E21 单元格公式：=E19-E20

（4）输入数据：参照图 2.4.1 输入数据，保存文件。（见"项目二\任务四\利润表.docx"）。

2. 建立资产负债表

（1）在"公司账簿"文件中插入一张新工作表，并改名为"资产负债表"。

（2）参照图 2.4.2，建立一张空的"资产负债表"，即除"期末余额"列和"年初余额"列数字外，其他按图 2.4.2 输入数据。（见"项目二\任务四\资产负债表.pdf"）。

（3）定义公式。

C16 单元格公式：=SUM(C5:C15)

D16 单元格公式：=SUM(D5:D15)
C35 单元格公式：=SUM(C18:C34)
D35 单元格公式：=SUM(D18:D34)
G17 单元格公式：=SUM(G5:G16)
H17 单元格公式：=SUM(H5:H16)
G26 单元格公式：=SUM(G19:G25)
H26 单元格公式：=SUM(H19:H25)
G27 单元格公式：=G17+G26
H27 单元格公式：=H17+H26
G34 单元格公式：=SUM(G29:G33)
H34 单元格公式：=SUM(H29:H33)
C36 单元格公式：= C16+ C35
D36 单元格公式：= D16+ D35
G36 单元格公式：=G17+G26+G34
H36 单元格公式：=H17+H26+H34

（4）录入数据。参照图 2.4.2，录入数据（见"项目二\任务三\资产负债表.pdf"），保存文件。

（5）设置平衡校验。为检查"资产负债表"的正确性，可以设置平衡校验。若资产合计余额与所有者权益（或股东权益）合计相等，结果显示"余额平衡"，反之则显示"余额不平衡"。

在 C38 单元格定义公式：=IF(C36=G36,"期末余额平衡","期末余额不平衡")。
在 D38 单元格定义公式：=IF(D36=H36,"年初余额平衡","年初余额不平衡")。

相关知识

1. 利润表中各个项目的关系

营业利润=营业收入-营业成本-营业税金及附加-销售费用-管理费用-财务费用-
　　　　资产减值损失+公允价值变动净值收益+投资收益
利润总额=营业利润+营业外收入-营业外支出
净利润=营业利润-所得税费用

2. 资产负债表各个项目的关系

流动资产合计由各项流动资产余额相加
非流动资产合计由各项非流动资产余额相加
流动负债合计由各项流动负债余额相加
非流动负债合计由各项非流动负债余额相加
负债合计=流动负债合计+非流动负债合计
所有者权益（或股东权益）合计由各项所有者权益（或股东权益）余额相加
资产合计=流动资产合计+非流动资产合计
负债和所有者（或股东）权益合计=负债合计+所有者权益（或股东权益）合计

实操练习

（1）根据"项目二\任务四\绿苹果公司利润表.pdf 和负债表.pdf"文件，按本任务工作过程制作利润表。

（2）按本任务工作过程制作资产负债表。效果见"项目二\任务四\绿苹果公司账簿（终）.xlsx"。

任务考核

制作如图 2.4.4 所示商品销售利润表，其中"销售利润"为"销售总额"的 10%。最终效果见"项目二\任务四\销售利润表.xlsx"。

	A	B	C	D
1		商品销售利润表		
2	商品分类	商品名称	销售总额	销售利润
3	101	饮料	1526	152.6
4	102	香烟	0	0
5	103	酒类	0	0
6	201	制冷电器	9000	900
7	202	空调电器	8340	834
8	203	厨房电器	0	0
9	204	清洁电器	0	0
10	205	声像电器	45540	4554

图 2.4.4

任务五　企业财务制度（Word）

任务描述

市场经济体制的建立和完善，使国家制定的统一会计制度或会计准则无法满足各企业的实际需要，在它们的指导下设计单位内部财务制度已成为每一个企事业单位会计工作的重要内容。对本公司的实际情况进行调研后，经理要求晓欣完善海拓公司的财务制度。

任务目标

知识目标：使用 Word 2010 录入文档，使用项目符号和编号设置文档格式。
能力目标：培养学生企业财务制度的认识，熟悉财务从业人员的基本职能。
情感目标：增强学生职业道德，培养学生的职业精神。

任务分析

企业内部财务管理制度的完善与否，是一个企业生产经营成败的关键因素。内部财务管理制度在企业管理中是不可或缺的，作用也是极其重要的。

任务效果

本任务设计的企业财务制度如图 2.5.1 所示,见"项目二\任务五\企业财务制度(终).docx"。

图 2.5.1

工作过程

1. 新建文档

新建 Word 文档,命名为"企业财务制度.docx",录入原文,见"项目二\任务五\企业财务制度(原).docx"。

2. 设置文档格式

(1)标题格式:选择文档第一行的标题"企业财务制度",设置标题字体为宋体,字号为小一,字形加粗,对齐方式为居中对齐,如图 2.5.2 所示。

图 2.5.2

(2)正文格式。

① 节标题。选择第一节标题"总则",设置正文字体为宋体,字号为小三,字形加粗并居中对齐;行(段落)间距为段前、段后 1 行,单倍行距,如图 2.5.3 所示。使用格式刷将格式复制到第二节标题"财务管理细则"。

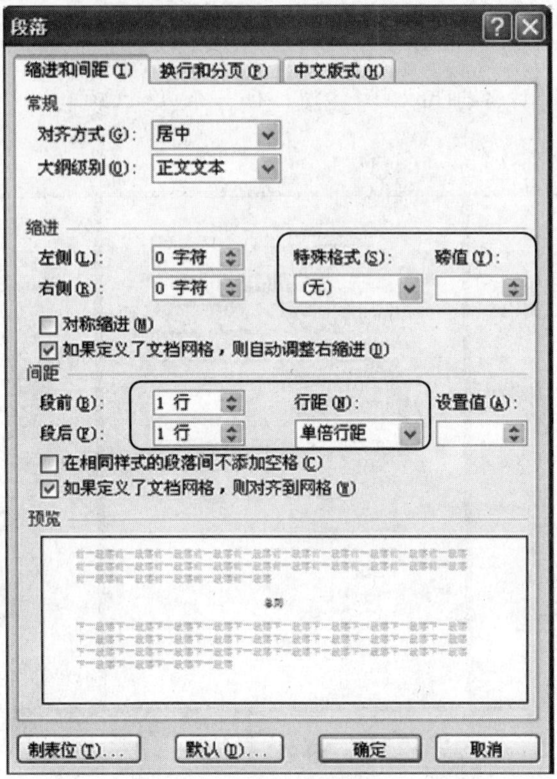

图 2.5.3

②"总则"节格式。选择"总则"的两段正文，设置正文字体为宋体，字号为五号；行距为 1.5 倍行间距；特殊格式为"首行缩进"，其磅值为 2 字符。项目编号格式为"1，2，3，…"如图 2.5.4 所示。

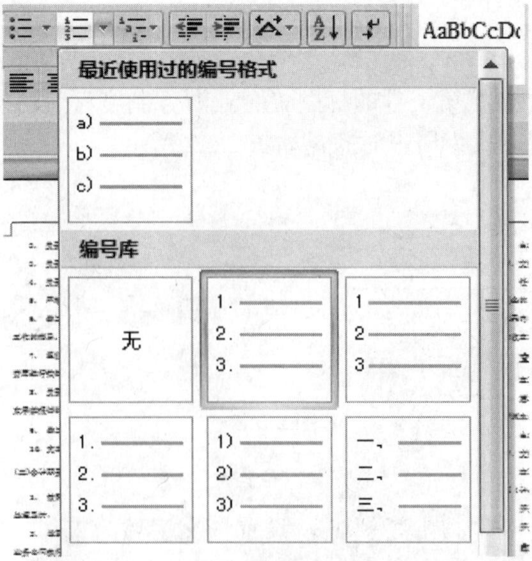

图 2.5.4

③"财务管理细则"节格式。选择项目"总原则",设置正文字体为宋体,字号为小四,字形加粗;行(段)间距为段前、段后 0.5 行,单倍行距;项目编号格式为"一、二、三、……"。将格式复制到"财务工作岗位职责"、"现金管理制度"、"支票管理"、"印鉴的保管"、"现金、银行存款的盘查"。

选择"财务工作岗位职责"标题中的"财务经理职责"子标题,设置正文字体为宋体,字号为五号;行(段)间距为段前、段后为 1 行,1.5 倍行间距;项目编号格式为"一、二、三(简)、……"。将格式复制到"财务主管职责"、"会计职责"、"出纳职责"。

其他各细则项格式与"总则"节正文格式相同。

3．页眉和页脚

(1)选择"插入"选项卡命令,单击"页眉和页脚"选项组中的"页眉"按钮,在打开的列表中选择"空白"样式,如图 2.5.5 所示。在"输入文字"栏中输入"海拓公司"。

图 2.5.5

(2)选择"页眉和页脚工具"选项组中的"设计"选项卡,单击"页眉和页脚"选择组中的"页码"按钮,在列表中选择"页面底端"中"加粗显示数字 2"样式,如图 2.5.6 所示。

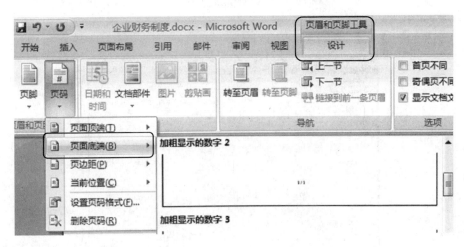

图 2.5.6

(3) 修改页脚格式。将页码"1/3"改为"第 1 页/共 3 页",如图 2.5.7 所示。

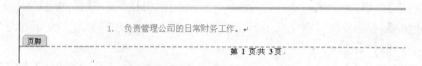

图 2.5.7

(4) 单击"页眉和页脚工具"中的"设计"选项卡,单击"关闭"选项组中的"关闭页眉和页脚"按钮,关闭页眉页脚的编辑状态,返回文档编辑状态,如图 2.5.8 所示。

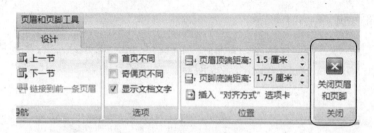

图 2.5.8

4. 背景水印

选择"页面布局"选项卡,单击"页面背景"选项组中的"水印"按钮,在列表中选择"自定义水印",如图 2.5.9 所示,打开"水印"对话框,选择"图片水印"命令,单击"选择图片"按钮,如图 2.5.10 所示,将见"项目二\任务五\海拓公司 LOGO.jpg"设置为背景水印图片,水印效果就设置好了。

图 2.5.9

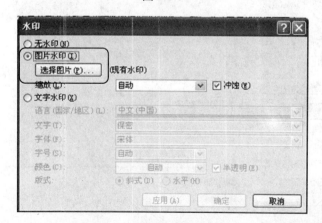

图 2.5.10

相关知识

（1）页眉和页脚：通常显示文档的附加信息，常用来插入时间、日期、页码、单位名称、微标等。其中，页眉在页面的顶部，页脚在页面的底部。第一次进入页眉页脚需要单击"视图-页眉和页脚"按钮，以后要在页眉页脚和正文之间切换时，只需双击不同的区域就可以了。

（2）项目符号和编号：放在文本前的点或其他符号，起到强调作用。合理使用项目符号和编号，可以使文档的层次结构更清晰、更有条理。在"开始"选项卡中用鼠标单击"段落"选项组中的"项目符号"或"编号"命令，打开或关闭该项功能，如图 2.5.11 所示。

图 2.5.11

实操练习

根据"项目二\任务五\"中的"员工守则（原）.docx"和"绿苹果 LoGo.jpg"为绿苹果公司设计员工制度手册，效果见"项目二\任务五\员工守则（终）.docx"。

任务考核

根据"项目三\任务五\学生奖励条例（原）.docx"，素材制作一份学生奖励条例，效果见"项目三\任务五\学生奖励条例（终）.docx"。

任务六　会计电算化信息系统（PPT）

任务描述

公司的会计电算化工作在晓欣和同事们的共同努力下，已开始逐步走上正轨。为配合公司会计电算化的实施，会计人员必须成为既掌握计算机基本应用、又懂会计业务处理的复合应用性人才，晓欣制作了会计电算化信息系统 PPT，协助对会计人员进行会计电算化的培训。

任务目标

知识目标：使用 PowerPoint 2010 建立幻灯片，并动态播放幻灯片。
能力目标：培养学生对企业会计电算化的认识，熟悉会计电算化流程。
情感目标：增强学生职业道德，培养学生严谨的工作态度和高度自律的职业精神。

任务分析

手工会计系统与计算机会计系统既有相同点，又有不同点。会计人员熟悉电算化财务处理信息系统是实现会计电算化的基础。

任务效果

本任务设计的会计电算化信息系统如图 2.6.1 所示，见"项目二\任务六\电算化信息系统.pptx"。

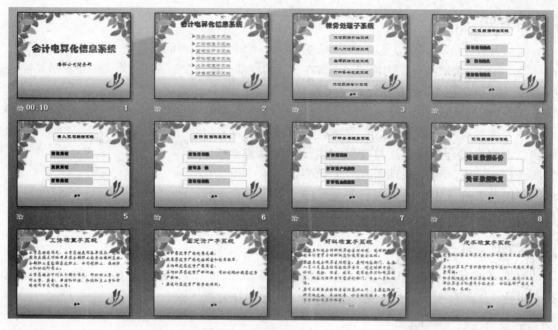

图 2.6.1

工作过程

1. 新建 PPT 文档

通常情况下，启动 PowerPoint 2010 后，自动创建一个空白演示文稿，如图 2.6.2 所示。单击快速访问工具栏中的"保存"按钮，在打开的"另存为"对话框中以"电算化流程.pptx"为名保存新建文档。

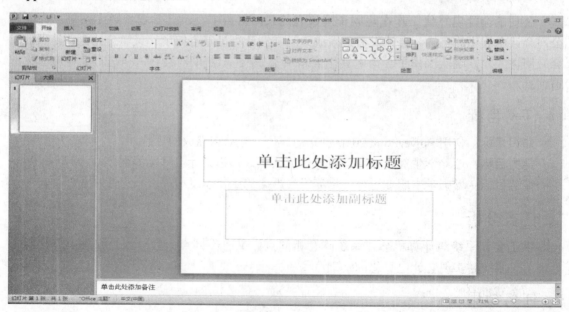

图 2.6.2

2. 制作演示文稿

1) 制作第一张幻灯片

(1) 新建立的 PPT 演示文稿中,第一张幻灯片默认版式为"标题"。单击提示输入标题文本框的"单击此处添加标题",输入标题为"会计电算化信息系统",字体为华文琥珀,字号为 60,颜色为红色。

(2) 单击副标题文本框,输入副标题"海拓公司财务部",字体为华文楷体,字号为 32。

(3) 为幻灯片添加背景图片。在"设计"选项卡中的"背景"选项组中,单击"背景样式"按钮,在列表中选择"设置背景格式"命令,打开"设置背景格式"对话框,如图 2.6.3 所示,在"填充"选项卡中选择"图片或纹理填充",单击"文件"按钮,选择"项目二\任务六\公司图片首页.jpg",单击"关闭"按钮,制作的 PPT 效果如图 2.6.4 所示。

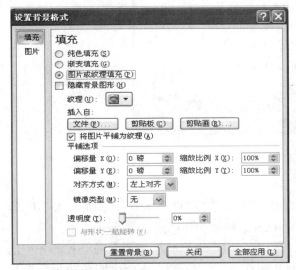

图 2.6.3

图 2.6.4

2) 制作第二张幻灯片

(1) 插入新的幻灯片,选择版式为"标题和内容"。在"开始"选项卡中的"幻灯片"选项组中,单击"新建幻灯片"按钮,在列表中选择"标题和内容",如图 2.6.5 所示。

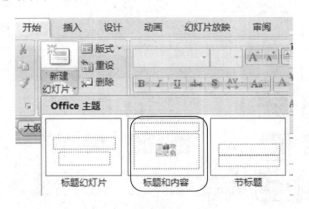

图 2.6.5

（2）单击"标题文本框"，输入标题为"会计电算化信息系统"，字体为华文琥珀，字号为44，字体颜色为蓝色。

（3）在内容文本框中输入"账务处理子系统"、"工资核算子系统"、"固定资产子系统"、"材料核算子系统"、"成本核算子系统"、"销售核算子系统"，居中对齐，字体为华文隶书，字号为 32，字体颜色为蓝色，设置项目符号。为幻灯片添加背景图片为"项目二\任务六\公司图片背景.jpg"，如图 2.6.6 所示。

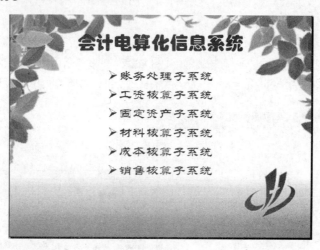

图 2.6.6

3）制作第三张幻灯片

（1）插入一张"标题和内容"版式的幻灯片，标题输入"账务处理子系统"，格式与第二张幻灯片相同。添加幻灯片背景图片为"项目二\任务六\公司图片背景.jpg"。

（2）在"插入"选项卡中的"插图"选项组中，单击"形状"按钮，在下拉列表中选择"圆角矩形"命令，光标变为"+"，拖动光标在合适的位置绘制一个圆角矩形。选择"格式"选项卡中的"形状样式"命令，在"形状样式"列表中选择"微调效果-强调颜色 1 命令"，如图 2.6.7 所示。

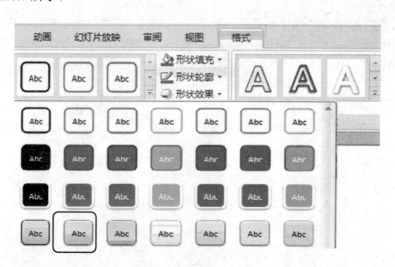

图 2.6.7

(3) 输入文字"凭证数据初始系统",字体为华文隶书,字号为28,字体颜色为蓝色。

(4) 将绘制好的圆角矩形复制四份,文字分别修改为"录入凭证数据系统"、"查询数据账表系统"、"打印各类报表系统"、"凭证数据备份系统",如图2.6.8所示。

图 2.6.8

4) 制作第四到第八张幻灯片

使用 SmattArtl 图形建立"凭证数据初始系统"、"录入凭证数据系统"、"查询数据账表系统"、"打印各类报表系统"、"凭证数据备份系统"。

5) 制作第九到第十三张幻灯片

参照前面的方法制作"工资核算子系统"、"固定资产子系统"、"材料核算子系统"、"成本核算子系统"、"销售核算子系统"。

3. 设置超链接

(1) 打开第二张幻灯片,选择"账务处理子系统",单击鼠标右键,弹出快捷菜单,选择"超链接"命令,打开"插入超链接"对话框,选择"本文档中的位置"命令,在"请选择本文档中的位置"列表中选择要建立链接的幻灯片"3.账务处理子系统",如图2.6.9所示,单击"确定"按钮,用同样的方法,依次为其他文字建立超链接。

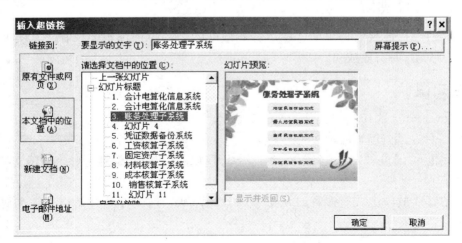

图 2.6.9

（2）为第三张幻灯片"账务处理子系统"设置超链接。

将"凭证数据初始系统""录入凭证数据系统""查询数据账表系统""打印各类报表系统""凭证数据备份系统"分别链接到"4.幻灯片4"至"8.幻灯片8"。

（3）设置返回到上级目录超链接。在第三张幻灯片"账务处理子系统"中，使用形状制作"返回"按键，设置超链接到第二张幻灯片"会计电算化信息系统"。其他幻灯片参照此方法依次设置返回超链接。

4. 设置幻灯片动态效果

（1）设置幻灯片切换方式。选择幻灯片后，单击"切换"选项卡，在"切换到幻灯片"中为幻灯片选择不同的切换方式，如图2.6.10所示。

图 2.6.10

（2）设置幻灯片为动画效果。选择幻灯片上的不同对象，单击"动画"选项卡，在"动画"中为幻灯片上的对象选择不同的动画方式，如图2.6.11所示。

图 2.6.11

5. 幻灯片放映

选择"幻灯片放映"选项卡，在"开始放映幻灯片"选项组中选择"从头开始"命令，从第一张幻灯片开始放映。

▋相关知识

（1）PowerPoint 2010界面，如图2.6.12所示。

① 工作区：用户编辑演示文稿的区域。

② 大纲区：通过"大纲视图"或者"幻灯片视图"可以快速查看整个演示文稿中的任意一张幻灯片。

（2）幻灯片放映方式有多种：从第一张开始，从当前幻灯片开始，自定义放映，等等。

项目二 公司账务处理 / 69

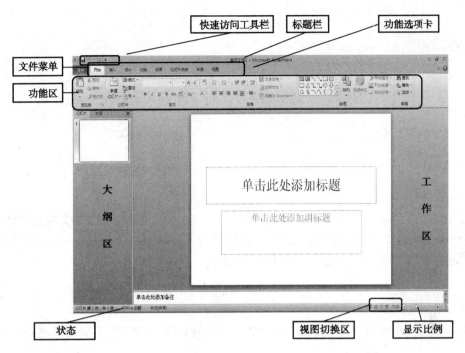

图 2.6.12

实操练习

按本任务工作过程制作绿苹果公司组织结构 PPT。素材见"项目二\任务六\绿苹果企业.jpg"。最终效果见"项目二\任务六\绿苹果组织.pptx"。

任务考核

制作个人简历 PPT，要求有背景图片，设置超链接，定义幻灯片播放的切换和动画效果。素材见"项目二\任务六\简历背景.jpg、简历照片.jpg"，最终效果见"项目二\任务六\个人简历.pptx"。

项目三　公司销售数据管理

项目背景

经过公司的专业培训，晓欣已经对公司的业务有了初步的了解。为了让员工尽快适应工作岗位，培养新员工的工作业务能力，人力资源部安排晓欣到公司销售部实习，既可以了解公司的主要经营产品及销售数据，也可以在销售部得到锻炼，为接下来的财会工作打基础。

项目分析

本次实习，晓欣以助理的身份为销售部经理做一些文案编辑和数据整理的工作，销售经理给了晓欣以下几个任务。
(1) 设计一份购销合同（Word）；
(2) 制作一份销售数据报表（Excel）；
(3) 为销售报表设计一份展示用的工作报告（PPT）。

项目目标

本项目要求学生进一步学习 Word 2010 中的图文并茂的排版功能，并能根据打印的需要对文档进行页面设置，打印工作需要的文件。初步掌握和使用 Excel 进行数据处理，学会使用 PowerPoint 软件完成展示用的工作报告。

任务一　购销合同（Word）

任务描述

购销合同是买卖合同的变化形式，它同买卖合同的要求基本上是一致的，主要是指供方（卖方）同需方（买方）根据协商一致的意见，由供方将一产品交付给需方，需方接受产品并按规定支付价款的协议。购销合同是中国经济活动中用得最多最广的经济合同，也是经济合同法律关系中最基本的经济合同形式，属于特殊类型的买卖合同。

任务目标

知识目标：学会在 Word 2010 中制作表格和美化表格，学会文档的打印设置。
能力目标：学会利用 Word 2010 编辑和制作公司购销合同。
情感目标：培养严谨的工作态度和细心的做事风格。

任务分析

为了给公司量身定做购销合同，晓欣需要搜集公司相关的销售合同和产品信息，了解公司正在使用的供货模式。有了调查基础，就可以开始制作了。特别是必须根据产品的特点，制作一份采购商品表格。本次任务中，已经提供了购销合同的文字内容，我们需要将它进行美化，并添加采购商品的表格即可。

任务效果

本任务设计的购销合同如图 3.1.1 所示，见“项目三\任务一\最终效果。”

图 3.1.1

工作过程

（1）打开“项目三\任务一\海拓公司购销合同素材”，设置文档的标题字体为“黑体、小二”，字形加粗，将文字居中对齐；设置正文字体为“宋体、小四”，如图 3.1.2 所示。

商品购销合同

甲方（供应商）：______________________________。

乙方（采购商）：______________________________。

根据《中华人民共和国合同法》及其他有关法律、行政法规的规定，甲、乙双方遵循平等、自愿、公平和诚实信用的原则，就商品进货购销事宜协商订立本合同。

一、订购商品

1．商品的名称、品牌、规格型号、数量、单价、总价等详见本合同《附件一》。

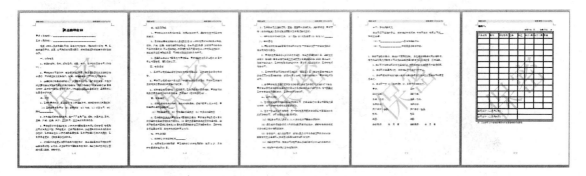

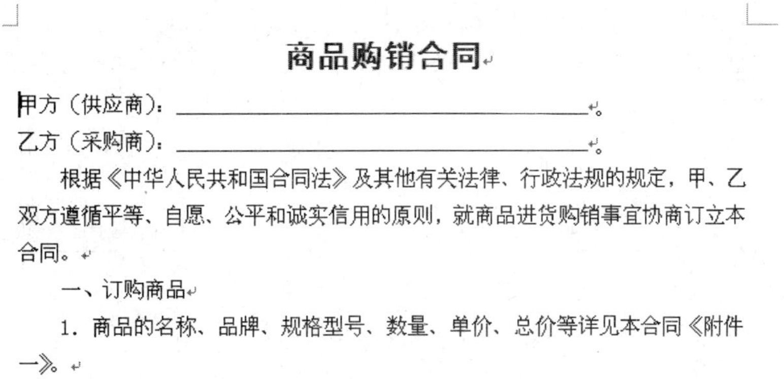

图 3.1.2

（2）在标题后按回车键以空一行。选中正文部分，在“开始”功能区的“段落”选项组中，设置正文的段落格式为“段前、段后间距各为 0.5 行，行距为固定值 21 磅”，如图 3.1.3 所示。

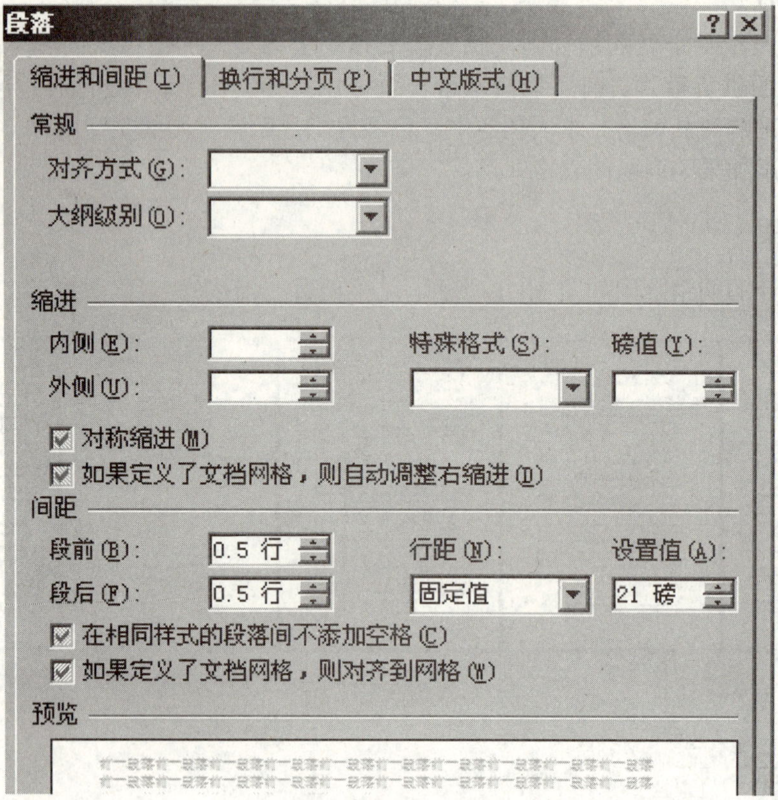

图 3.1.3

（3）设置页眉。按照项目一的任务三中讲述的方法，在文档中插入页眉，选择 Word 内置的样式"空白（三栏）"，在左侧输入"海拓公司"，右侧输入"合同编号 HZ20130731"，删除中间的"键入文字"，如图 3.1.4 所示。同时设置输入的字体的字号为五号，字形加粗；单击"段落"选项组中的"底纹"按钮，设置该行的底纹为"白色，背景 1，深色 35%"，如图 3.1.5 所示。

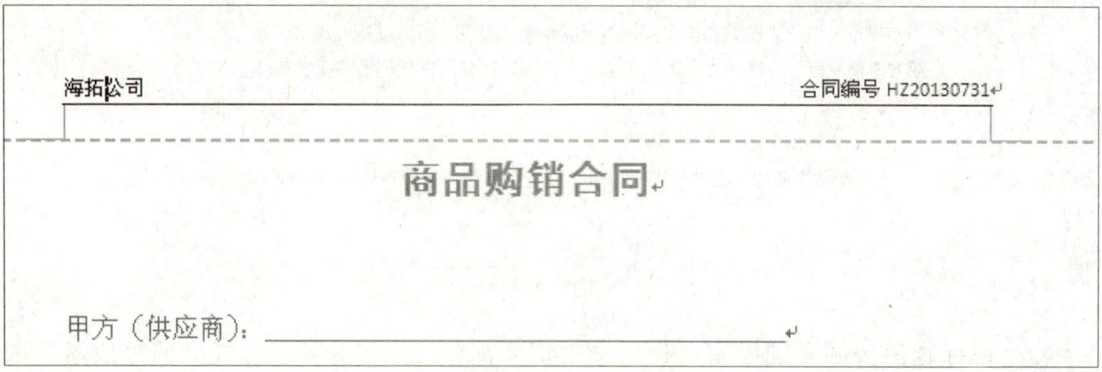

图 3.1.4

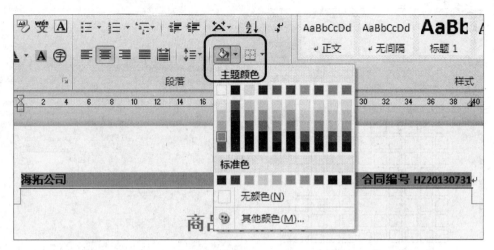

图 3.1.5

(4) 设置页脚。将光标切换到页脚位置,按照项目一中任务三的方法,为文档添加页码,页码样式选择"x/y 加粗显示的数字 2",其效果如图 3.1.6 所示。设置完成后关闭页眉页脚。

图 3.1.6

(5) 开始制作附件一的表格。按回车键适当增加两行,让光标定位在下一页,输入"附件一:"和"金额单位:元 数量单位:台",适当调整文字的大小,如图 3.1.7 所示。

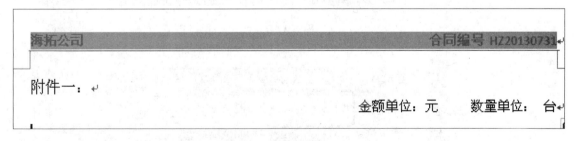

图 3.1.7

(6) 单击"插入"功能区的"表格"按钮,在弹出的下拉菜单中选择"插入表格"命令,如图 3.1.8 所示,在弹出的"插入表格"对话框中输入行数和列数,参数如图 3.1.9 所示,即可得到一个 8 列 15 行的表格。

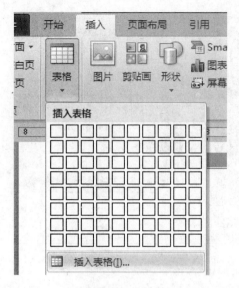 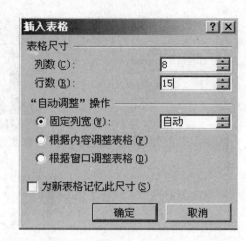

图 3.1.8　　　　　　　　　　图 3.1.9

（7）将光标移动到表格的左上角，当光标变成十字花形时，选中表格左上角的十字花形按钮，即可将整张表格选中，如图 3.1.10 所示。然后在新产生的"表格工具——布局"功能区中，在"单元格大小"选项组中的"表格行高"框中输入 1.1 厘米，即可设置表格每行的高度为 1.1 厘米，如图 3.1.11 所示。

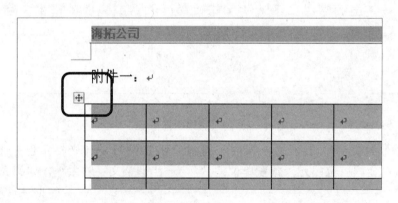

图 3.1.10

图 3.1.11

（8）在第一行中输入如图 3.1.12 所示的单元格文字。将光标定位在"产品名称"所在单元格的右侧表格边框线，当光标变成┤┝时，双击鼠标，即可根据单元格的内容适当调整该列的列宽，采用同样的方法调整各列的列宽，如图 3.1.12 所示。

附件一：								
					金额单位：元		数量单位：台	
产品名称	品牌	规格型号	数量	单位	单价（元）	总价（元）	备注

图 3.1.12

（9）设置表格边框。选中整个表格，在"设计"功能区的"表格样式"选项组中，单击"边框"按钮，即可弹出如图 3.1.13 所示的"边框和底纹"对话框，在"设置"里选择"虚框"命令，在"样式"中选择图示的条纹，单击"确定"按钮即可为表格添加外表框。

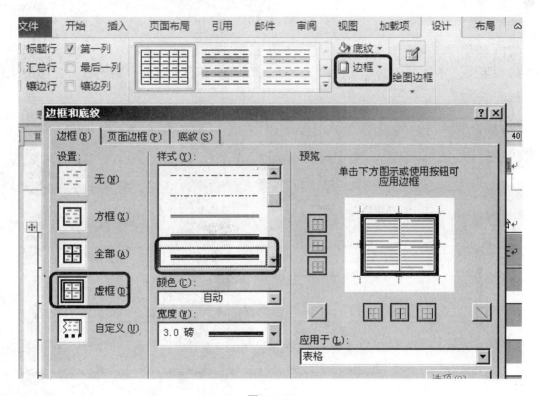

图 3.1.13

（10）设置表格的底纹。选中表格的标题行，在"设计"功能区的"表格样式"选项组中，单击"底纹"按钮，即可弹出如图 3.1.14 所示的底纹主题颜色选项菜单，选择"深蓝色，字体为 2，淡色 60%"。

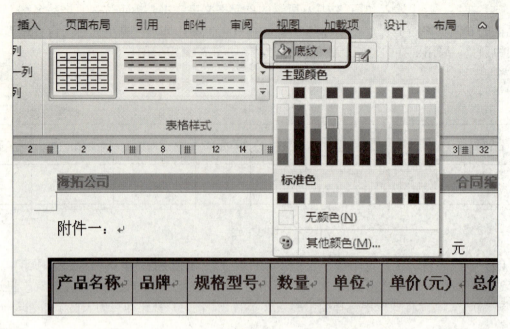

图 3.1.14

（11）合并单元格。选中表格最后一行的前四个单元格，在"布局"功能区的"合并"选项组中，单击其中的"合并单元格"按钮，即可合并这四个单元格，如图 3.1.15 所示。

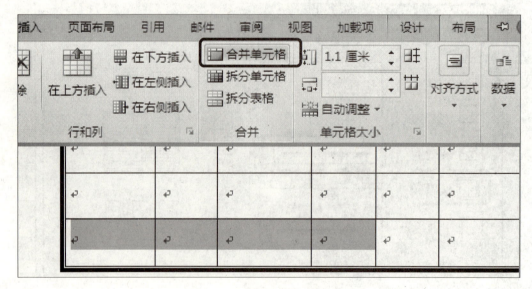

图 3.1.15

（12）采用同样的方法将其他需要合并的单元格进行合并，并输入如图 3.1.16 所示的文字。在表格下方输入文字："注：以上合同总价包括运抵甲方的运费及安装调试费等。"适当调整文字格式。

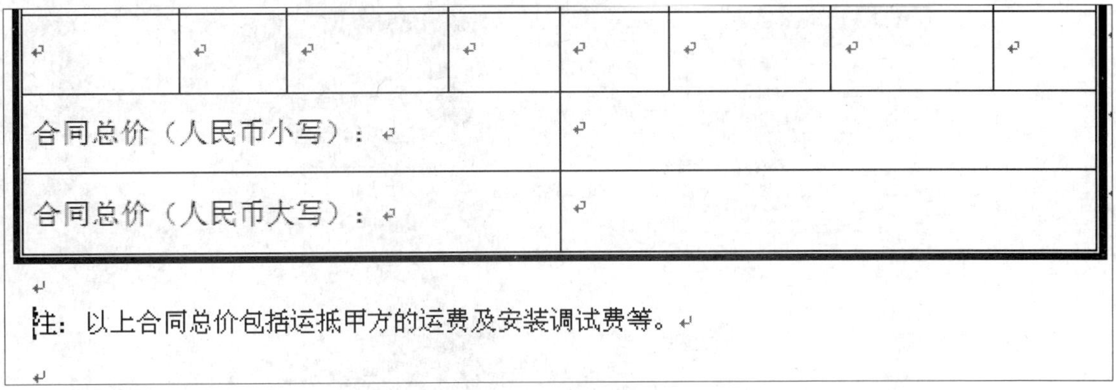

图 3.1.16

（13）添加水印。选择"页面布局"功能区的"页面背景"选项组命令，单击"水印"按钮，在下拉菜单中选择"自定义水印"命令，弹出如图 3.1.17 所示的"水印"对话框。按照图 3.1.17 中的参数进行设置：添加文字水印，颜色为红色，半透明，其余设置为默认设置。单击"应用"按钮，即可为文档添加水印效果。

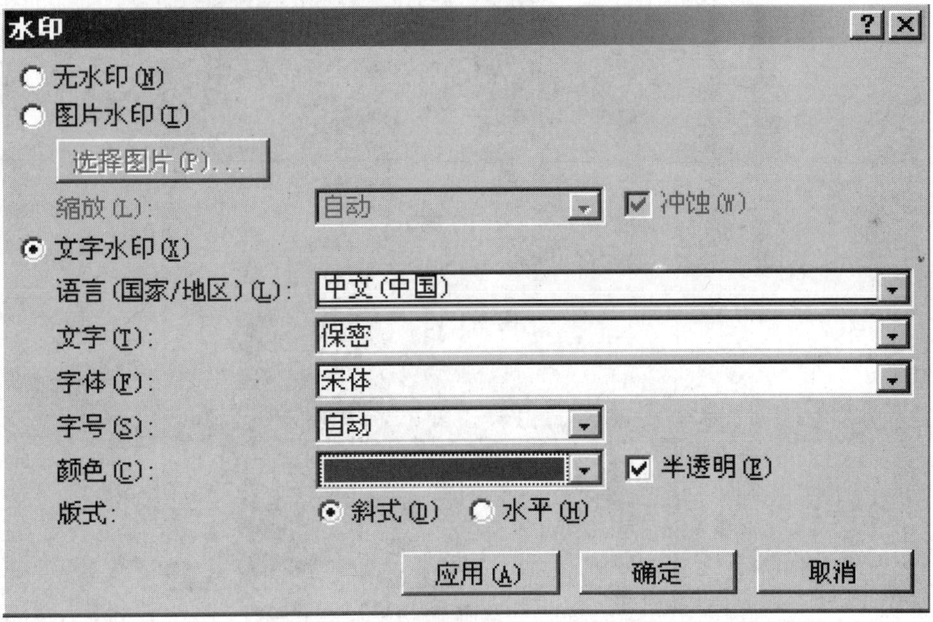

图 3.1.17

（14）页面设置。为了方便打印，我们需要对文档进行必要的页面设置。在"页面布局"功能区的"页面设置"选项组中，单击"页边距"按钮，弹出如图 3.1.18 所示的下拉菜单，选择"普通"样式的页边距命令；单击"纸张方向"按钮，选择"纵向"可以设置纸张的打印方向，如图 3.1.19 所示；单击"纸张大小"按钮，如图 3.1.20 所示，选择"A4"，可以设置打印纸张的大小。

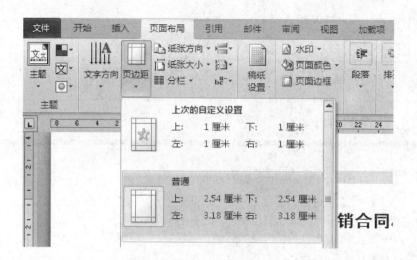

图 3.1.18

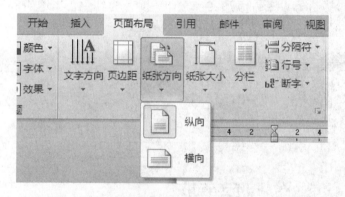

图 3.1.19

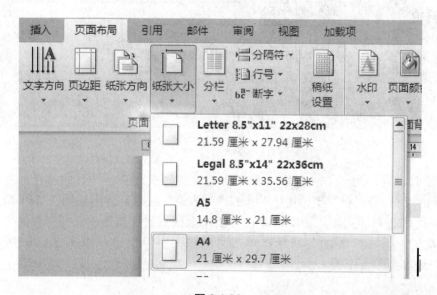

图 3.1.20

（15）页面设置完成后，单击"文件"菜单下的"打印"按钮，即可弹出如图 3.1.21 所示的打印选项界面，按图中所示设置打印份数、打印机、打印范围等信息，单击"打印"按钮，即可完成打印。

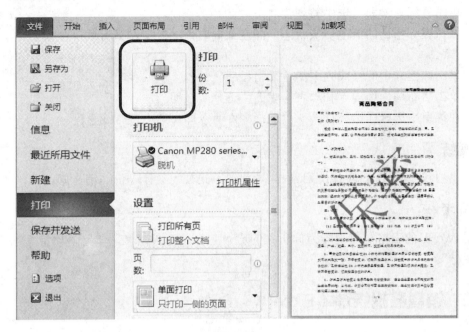

图 3.1.21

至此，本任务结束。

相关知识

1．选中整个表格的方法

1）方法一

（1）打开 Word 2010 文档，将鼠标指针移动到需要选中的表格单元格左侧（注意是该单元格内部的左侧）。

（2）当指针变成黑色箭头形状时，单击鼠标左键即可选中当前的单元格。

（3）保持指针的黑色箭头状态，拖动鼠标可以选中多个单元格。

另外，还可以单击任何一个单元格，然后拖动鼠标左键选中多个单元格。

2）方法二

单击需要选中的单元格，然后选择"布局"选项卡，单击"表"选项组中的"选择"按钮，选择"选择单元格"命令即可选中特定单元格。

2．选中整行和整列的方法

1）方法一

（1）打开 Word 2010 文档页面，将鼠标指向表格某一行的最左边，使指针变成指向右侧的白色箭头。

（2）单击鼠标左键即可选中整行。

(3）保持右指向的鼠标箭头状态，向上或向下拖动鼠标左键即可选中多行。
2）方法二
（1）把鼠标指针移动到表格某一列的最上端，使指针变成向下指的黑色箭头。
（2）单击鼠标左键即可选中整列。
（3）保持鼠标指针的黑色箭头状态，向左或向右拖动鼠标左键可以选中多列。
3）方法三
（1）单击需要选中的行或列中的单元格按钮。
（2）单击"布局"选项卡和"表"中的"选择"按钮。
（3）在菜单中选择"选择行"或"选择列"命令即可选中整行或整列。

▍实操练习

根据"项目三\任务一\实操练习素材"，为绿苹果公司设计一份购销合同。

▍任务考核

使用 Word 的表格制作功能为你所在的班级制作一份课程表，参见"项目三\任务一\任务考核素材"。

任务二　销售数据统计（Excel）

▍任务描述

销售数据分析工作涉及销售成本分析（包括原材料成本、制造损耗、运输成本等）、销售利润分析（包括纯利润和毛利润）、客户满意度分析、客户需求分析等。要进行销售数据分析，主要是统计和分类，单靠人工基本是无法完成的，尤其是客户较多或产品较多的情况下更是困难。这就要借助一些工具，比较简单的是使用 Excel，把数据都输入到计算机中，然后统计、分类、生成图表，这样就对数据有比较直观的了解。本次任务，经理要求晓欣对公司最近一个月的数据进行整理和统计，为公司的销售数据分析准备必要的数据。

▍任务目标

知识目标：掌握 Excel 2010 中数据的排序、筛选、分类汇总等。
能力目标：学会利用 Excel 2010 对工作中的数据进行简单管理和分析。
情感目标：了解公司的主营产品和产品定位等信息，培养综合分析能力。

▍任务分析

本次任务，晓欣需要搜集公司最近一个月产品的销售数据，进行分类整理，并按需要对数据进行相应的统计和处理。本次销售统计主要实现销量的排序，按品牌汇总出各品牌下产品的销量和销售额，能按需要筛选出各品牌销量居前的产品记录等，这些操作都可以借助 Excel 2010 的数据处理来完成。

任务效果

本任务设计的销售数据统计如图 3.2.1 所示,见"项目三\任务二\销售数据\最终效果"。

	品牌	型号	类型	单价	销量	销售额
1				2013年10月电脑产品销售记录		
3	品牌	型号	类型	单价	销量	销售额
4	苹果	ME087	台式机	¥10,988.00	30	¥329,640.00
5	苹果	MF432	平板电脑	¥2,098.00	40	¥83,920.00
6	苹果	MD788	平板电脑	¥3,498.00	5	¥17,490.00
7	苹果	MD531	平板电脑	¥2,098.00	2	¥4,196.00
8	苹果	MD761	笔记本	¥8,888.00	3	¥26,664.00
9	苹果	MD101	笔记本	¥7,888.00	6	¥47,328.00
10	苹果 汇总				86	¥509,238.00
11	联想	H430	台式机	¥3,099.00	16	¥49,584.00
12	联想	B320I	台式机	¥2,999.00	12	¥35,988.00
13	联想	S6000	平板电脑	¥1,399.00	18	¥25,182.00
14	联想	MIX2	平板电脑	¥2,599.00	20	¥51,980.00
15	联想	Y400N	笔记本	¥4,899.00	35	¥171,465.00
16	联想	B490A	笔记本	¥2,999.00	8	¥23,992.00
17	联想 汇总				109	¥358,191.00
18	宏基	SQX4610	台式机	¥2,299.00	23	¥52,877.00
19	宏基	SQN6120	台式机	¥2,899.00	17	¥49,283.00
20	宏基	V5-417G	笔记本	¥3,699.00	34	¥125,766.00
21	宏基	E1-570G	笔记本	¥3,599.00	22	¥79,178.00
22	宏基	E1-471G	笔记本	¥2,799.00	16	¥44,784.00
23	宏基 汇总				112	¥351,888.00
24	戴尔	R678	台式机	¥4,699.00	25	¥117,475.00
25	戴尔	R586	台式机	¥3,999.00	19	¥75,981.00
26	戴尔	4728X	笔记本	¥5,899.00	12	¥70,788.00
27	戴尔	4526X	笔记本	¥4,199.00	20	¥83,980.00
28	戴尔	2306	笔记本	¥2,699.00	7	¥18,893.00
29	戴尔 汇总				83	¥367,117.00
30	总计				390	¥1,586,434.00

图 3.2.1

工作过程

"项目三\任务二\销售数据\销售数据素材"中提供了晓欣根据公司销售记录整理出来的原始数据,下面就可以按照需要对数据进行处理。

1. 查看销售量和销售额

美化表格,并将产品销售记录按照销量由高到低进行排列,在销量一致的情况下,按照销售额由高到低的顺序排列。

(1)素材包含了海拓公司 10 月份电脑的销售数据,将工作表"10 月销售原始数据"复制一份,并更名为"销量排序"。

(2)美化表格。如图 3.2.2 所示,选中表格区域,在"开始"功能区的"样式"选项组中,单击"套用表格格式"按钮,在弹出的样式中选择"表样式中等深浅 16",单击"确定"按钮后即可为表格进行快速格式设置。

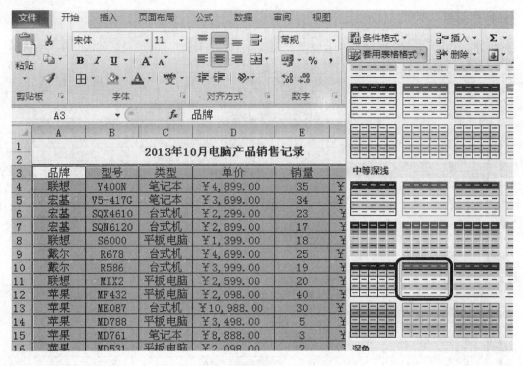

图 3.2.2

（3）将光标定位在表格区域中的任一单元格，选择"数据"功能区的"排序和筛选"选项组中的"排序"命令，即可弹出如图 3.2.3 所示的"排序"对话框，设置主要关键字为"销量"，次序为"降序"。

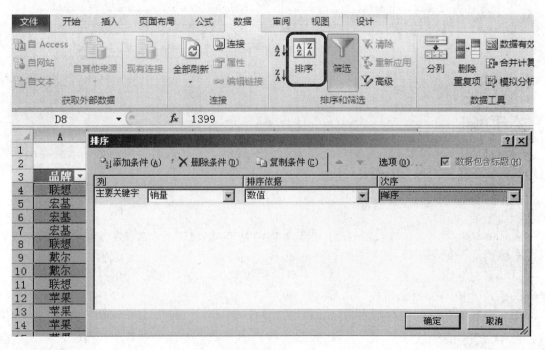

图 3.2.3

（4）如图 3.2.4 所示单击“添加条件”按钮，即可在“排序”对话框中添加“次要关键字”，设置次要关键字为“销售额”，次序为“降序”。单击“确定”按钮后即可完成销量的降序排序，效果如图 3.2.5 所示。

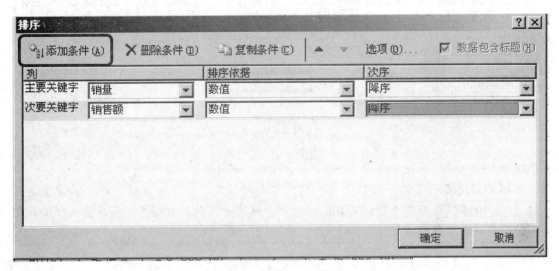

图 3.2.4

	A	B	C	D	E	F
1	2013年10月电脑产品销售记录					
2						
3	品牌	型号	类型	单价	销量	销售额
4	苹果	MF432	平板电脑	￥2,098.00	40	￥83,920.00
5	联想	Y400N	笔记本	￥4,899.00	35	￥171,465.00
6	宏基	V5-417G	笔记本	￥3,699.00	34	￥125,766.00
7	苹果	ME087	台式机	￥10,988.00	30	￥329,640.00
8	戴尔	R678	台式机	￥4,699.00	25	￥117,475.00
9	宏基	SQX4610	台式机	￥2,299.00	23	￥52,877.00
10	宏基	E1-570G	笔记本	￥3,599.00	22	￥79,178.00
11	戴尔	4526X	笔记本	￥4,199.00	20	￥83,980.00
12	联想	MIX2	平板电脑	￥2,599.00	20	￥51,980.00
13	戴尔	R586	台式机	￥3,999.00	19	￥75,981.00
14	联想	S6000	平板电脑	￥1,399.00	18	￥25,182.00
15	宏基	SQN6120	台式机	￥2,899.00	17	￥49,283.00

图 3.2.5

2. 按条件筛选数据

筛选出当月销量超过 20 台的笔记本电脑的数据。

（1）复制“销量排序”工作表，更改工作表名称为“筛选”，在该工作表中，以 A28 为条件区的左上角输入条件区域，如图 3.2.6 所示。

	A	B	C	D	E	F
22	苹果	MD101	笔记本	¥7,888.00	6	¥47,328.00
23	苹果	MD788	平板电脑	¥3,498.00	5	¥17,490.00
24	苹果	MD761	笔记本	¥8,888.00	3	¥26,664.00
25	苹果	MD531	平板电脑	¥2,098.00	2	¥4,196.00
26						
27						
28	类型	销量				
29	笔记本	>20				

图 3.2.6

> **小提示**
>
> 本例是满足多个条件一起筛选的情况，在这种情况下，条件区域的建立非常重要。如图 3.2.6 所示，将筛选条件输入在同一行中，筛选时系统会自动查找同时满足所有指定条件的记录并将其筛选出来。

（2）将光标定位在表格数据区域中的任意单元格，选择"数据"功能区的"排序和筛选"选项组中的"高级筛选"命令，即可弹出如图 3.2.7 所示的"高级筛选"对话框。按图中的参数进行设置：单击"将筛选结果复制到其他位置"单选按钮，"列表区域"选择整个表格数据区域，"条件区域"选择前面刚建好的条件区域 A28:B29，"复制到"选择单元格 A32，单击"确定"按钮。

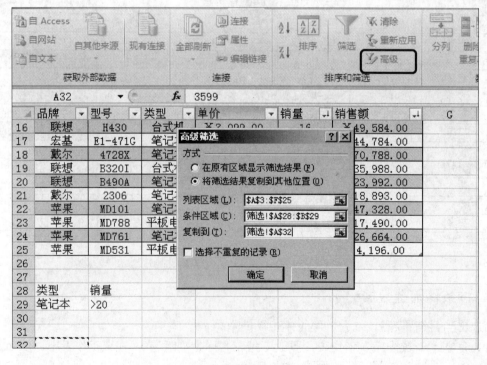

图 3.2.7

筛选结果如图 3.2.8 所示。

23	苹果	MD788	平板电脑	¥3,498.00	5	¥17,490.00
24	苹果	MD761	笔记本	¥8,888.00	3	¥26,664.00
25	苹果	MD531	平板电脑	¥2,098.00	2	¥4,196.00
26						
27						
28	类型	销量				
29	笔记本	>20				
30						
31	品牌	型号	类型	单价	销量	销售额
32	联想	Y400N	笔记本	¥4,899.00	35	¥171,465.00
33	宏基	V5-417G	笔记本	¥3,699.00	34	¥125,766.00
34	宏基	E1-570G	笔记本	¥3,599.00	22	¥79,178.00
35						

图 3.2.8

3. 数据的分类汇总

将销售数据按照"品牌"分类,统计各类型的产品销售量和销售额。

(1) 先将数据按品牌进行排序。选中除表格名称行的表格区域,单击"排序"按钮,将表格数据按照关键字"品牌"、"降序"排序,如图 3.2.9 所示。

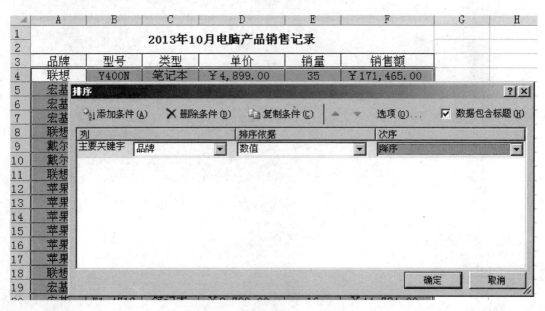

图 3.2.9

(2) 表格区域保持选中状态,单击"数据"功能区的"分级显示"选项组中的"分类汇总"按钮,弹出如图 3.2.10 所示的"分类汇总"对话框。按照图中参数进行设置:"分类字段"为"品牌","汇总方式"为"求和",在"选定汇总项"里选择"销量"和"销售额"命令,单击"确定"按钮后即可得到如图 3.2.11 所示的汇总结果。

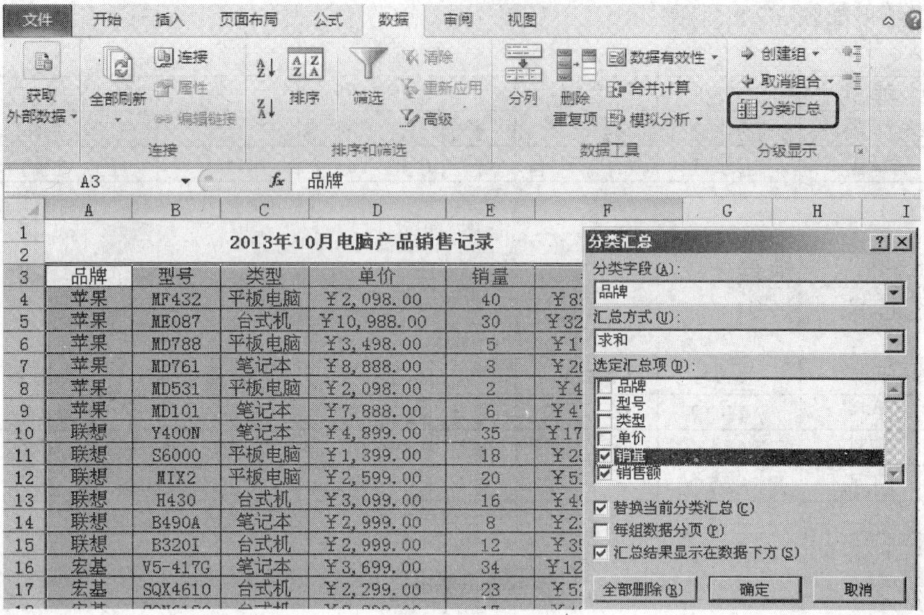

图 3.2.10

图 3.2.11

至此,本任务结束。

相关知识

筛选条件的变化

在本次任务中,我们注意到,筛选的条件必须同时满足"类型为笔记本电脑,销量大于 20"的情况,在建立条件区域时就按照任务中的图 3.2.6 所示进行,如果同时还需满足更多的条件,可继续将筛选条件输入在同一行中,排列下去即可。

若此任务中更改筛选条件为"类型为笔记本电脑,或者销量大于 20",筛选出所有的记录,那条件区域应该怎么建立呢?

这种情况就属于"多选一"的筛选了，即在多个条件中，只需要满足其中一个，就可以查找了。此时，我们需要对条件区域稍作处理，在数据区域外的任意单元格输入条件区域，如图 3.2.12 所示，在 A28:A29 中输入"类型"和"销量"字段，在紧靠其下方的 A29:A30 中输入"筛选条件"即可。注意筛选条件不要输入在同一行。

22	苹果	MD101	笔记本	¥7,888.00	6	¥47,328.00
23	苹果	MD788	平板电脑	¥3,498.00	5	¥17,490.00
24	苹果	MD761	笔记本	¥8,888.00	3	¥26,664.00
25	苹果	MD531	平板电脑	¥2,098.00	2	¥4,196.00
26						
27						
28	类型	销量				
29	笔记本					
30		>20				
31						

图 3.2.12

实操练习

根据"项目三\任务二\实操练习素材"，按照本任务工作过程中的步骤，完成海拓公司 12 月的销售数据的整理和统计。
（1）计算本月各种产品的销售额
（2）将销售数据按照"品牌"分类，统计各类型的产品销售量和销售额。
（3）筛选出当月销量超过 30 台的台式机的销售数据记录。

任务考核

根据"项目三\任务二\任务考核\任务考核素材"完成以下目标：
（1）计算本月各种商品的销售额，并按照销售额由低到高进行排序；
（2）筛选出销量超过 50 的饮料类商品的记录；
（3）按类别进行分类汇总，汇总出各类商品的销售量和销售额。

任务三　销售分析报告（PPT）

任务描述

周一的部门会议上，销售经理需要听取大家对本月销售记录的报告。晓欣虽然已经对销售数据有了分析和整理，但考虑到 Excel 表格形式的数据看起来比较混乱，容易使人产生疲劳，也不能清晰地表达报告的意思，因此要借助 PowerPoint 辅助展示。

任务目标

知识目标：掌握 PowerPoint 2010 中母版的格式设置，插入图片、SmartArt 图和设置幻灯片放映效果等。
能力目标：学会利用 PowerPoint 2010 制作销售报告。
情感目标：培养对美的认知和追求，培养艺术表达能力。

任务分析

本次任务中，晓欣制作的 PPT 除了能展示基本数据以外，还需要将公司的一些文化元素融入到工作报告中，同时要求使用的 PPT 有艺术感。虽然 PowerPoint 2010 软件自带的模板丰富，但为了能制作出独特的销售分析报告，晓欣决定自己设计 PPT 的模板，并在模板中添加公司的文化元素。

任务效果

本任务设计的销售分析报告如图 3.3.1 所示，见"项目三\任务三\海拓公司销售报告\最终效果"。

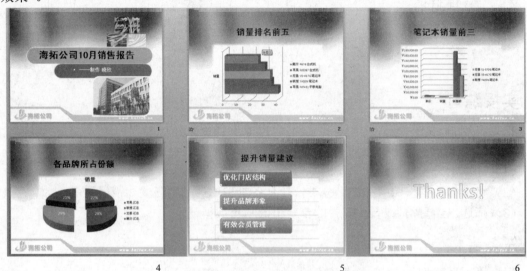

图 3.3.1

工作过程

任务中需要用的背景和图片见"项目三\任务三\海拓公司销售报告\素材"。

（1）在 PowerPoint 中新建一个空白 PPT 文档，文件名为"海拓公司 10 月销售报告.pptx"。

（2）选择"视图"功能区的"母版视图"选项组命令，单击"幻灯片母版"按钮，如图 3.3.2 所示，即可切换到母版视图模式。

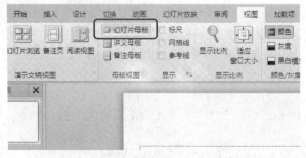

图 3.3.2

（3）在"幻灯片母版"功能区的"背景"选项组中，单击"背景样式"按钮，即可弹出如图 3.3.3 所示的下拉菜单，选择最下面的"设置背景格式"命令。

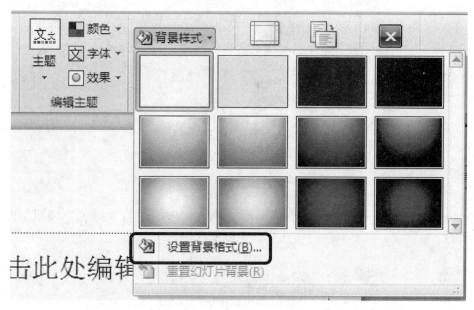

图 3.3.3

（4）弹出如图 3.3.4 所示的"设置背景格式"对话框，按照图中的参数进行设置。单击"填充"→"图片或纹理填充"→"文件"，弹出如图 3.3.5 所示的"插入图片"对话框，选择"项目三\任务三\海拓公司销售报告\母版背景.jpg"图片，单击"全部应用"按钮，即可为母版添加统一的背景图片。

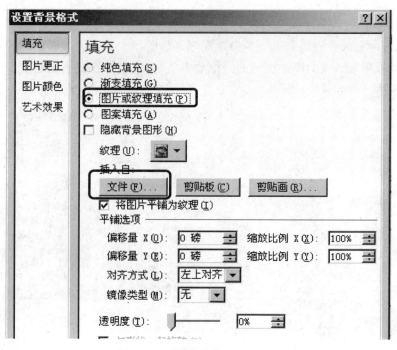

图 3.3.4

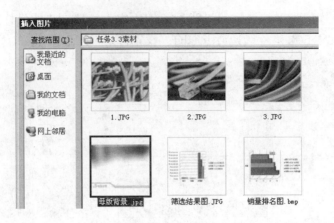

图 3.3.5

（5）设置母版的主题颜色。单击"编辑主题"选项组中的"颜色"按钮，弹出如图 3.3.6 所示的下拉菜单，选择名为"华丽"的主题颜色。

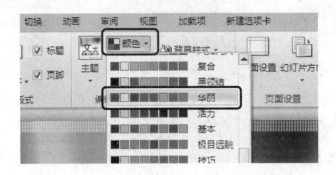

图 3.3.6

（6）在母版中插入"圆角矩形"的自选图形，如图 3.3.7 所示，设置该图形的大小为高 2.7 厘米，长 21 厘米。选中图中所示的"拖动点"，按住鼠标左键不放向右水平拖动，即可得到如图 3.3.8 所示的大弧度的矩形。

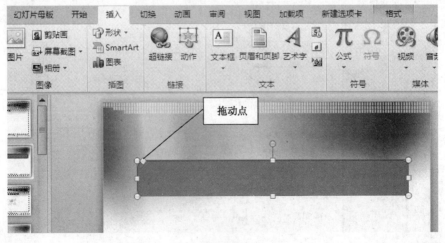

图 3.3.7

（7）在"格式"功能区的"形状样式"选项组中，设置图形格式。在"形状填充"选项组中选择"深黄"命令，在"形状轮廓"选项组中选择"2.25磅，白色"轮廓命令。使用同样的方法在下面再添加一个圆角矩形，并调整这两个图形的位置，效果如图3.3.8所示。

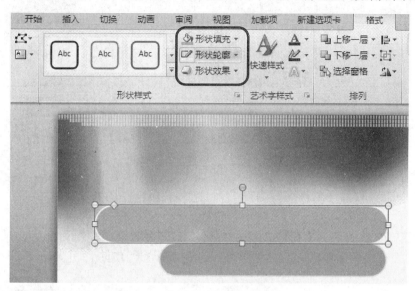

图 3.3.8

（8）在母版中插入素材提供的图片（见"项目三\任务三\海拓公司销售报告"），位置如图 3.3.9 所示。为了美化效果，可以对插入的图片进行适当设置。本例中，对公司外景照片设置了"圆形对角，白色"样式。如图 3.3.10 所示，通过"颜色"选项，对图片设置"蓝色，强调文字颜色 1，浅色"样式的颜色。采用同样的方法对其他几张图片设置颜色样式和柔化边缘等效果。

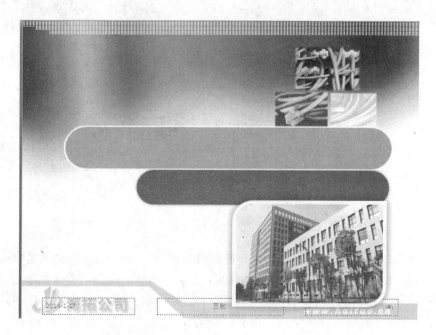

图 3.3.9

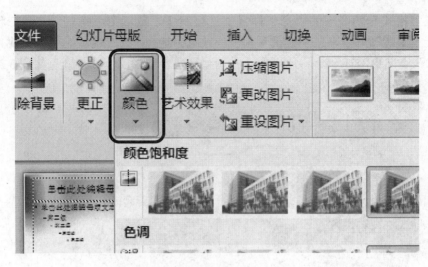

图 3.3.10

（9）单击功能区的"关闭母版视图"按钮，即可关闭母版视图。此时，单击"新建幻灯片"按钮，即可根据需要插入各种幻灯片了，如图 3.3.11 所示。

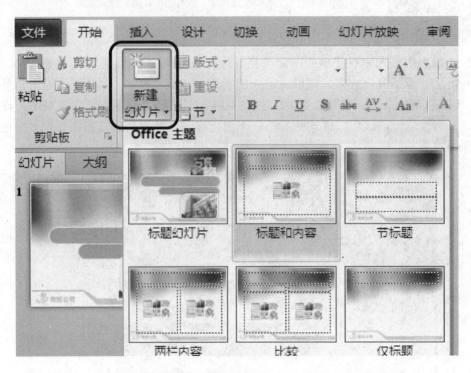

图 3.3.11

（10）新建的幻灯片中均包含了母版设置的漂亮背景，此时只需要输入文字内容和图片即可，如图 3.3.12 所示。输入文字"销量排名前五"，设置字体为"黑体，字号为 40"，插入图片"项目三\任务三\海拓公司销售报告\素材\销量排名图.jpg"，适当调整图片的大小和位置。按照同样的方法可以制作第三、四张幻灯片。

项目三 公司销售数据管理 / 93

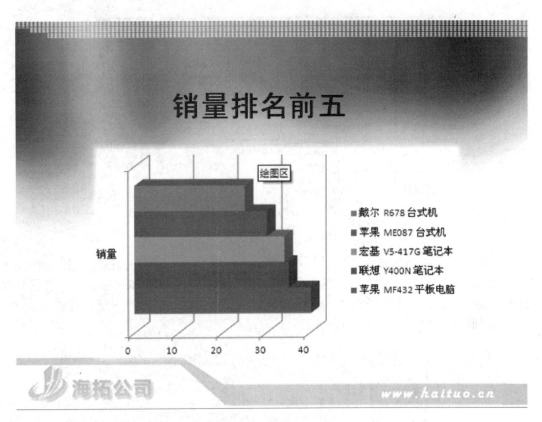

图 3.3.12

（11）使用 SmartArt 图。新建第五张幻灯片，选择"插入"功能区的"SmartArt"命令，如图 3.3.13 所示，在弹出的"选择 SmartArt 图形"对话框中，选择"列表"选项下的"垂直框列表"命令，如图 3.3.14 所示。

图 3.3.13

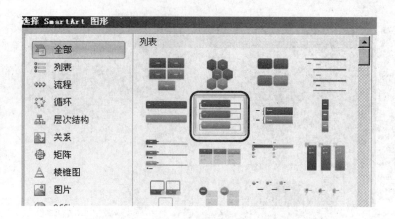

图 3.3.14

（12）在新出现的"SmartArt 工具"的"设计"功能区中，单击"更改颜色"按钮，即可弹出如图 3.3.15 所示的颜色下拉菜单，选择色彩样式为"彩色范围→强调文字颜色 5 至 6"命令。在"设计"功能区的"SmartArt 样式"选项组中，单击"三维"样式中的"优雅"样式按钮，如图 3.3.16 所示。

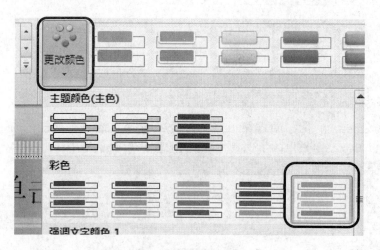

图 3.3.15

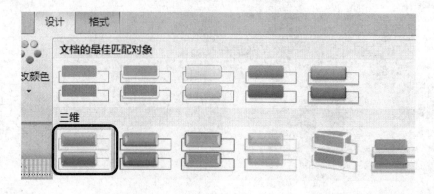

图 3.3.16

（13）在每个彩色框中输入如图 3.3.17 所示的文字即可，文字格式的设置和文本框中设置文字的方法类似。设置字体为黑体，字号为 30。

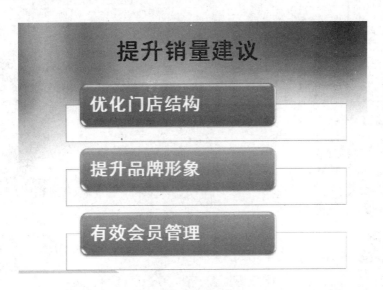

图 3.3.17

（14）插入艺术字。新建第六张 PPT，选择"插入"功能区的"文本"选项组，单击"艺术字"按钮，弹出如图 3.3.18 所示的艺术字样式选项，选择"填充—蓝色，强调文字颜色 1，内部阴影→强调文字颜色 1"的样式，输入"Thanks!"，设置艺术字字号为 100。

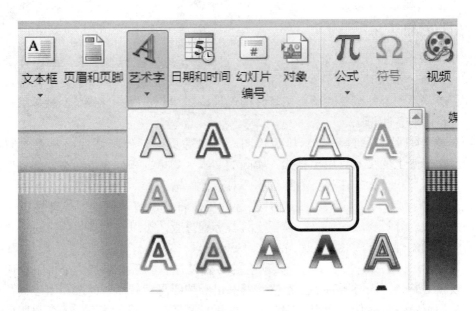

图 3.3.18

（15）设置幻灯片切换效果。如图 3.3.19 所示，选中第一张 PPT，在"切换"功能区的"切换到此幻灯片"选项组中，单击"显示"按钮，即可为第一张幻灯片设置切换效果。采用同样的方法为每张 PPT 设置切换效果。

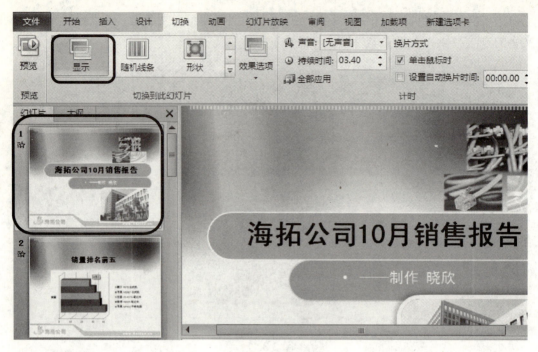

图 3.3.19

至此,任务结束。

相关知识

1. 幻灯片母版

存储有关应用的设计模板信息的幻灯片,包括字形、占位符大小或位置、背景设计和配色方案。幻灯片母版用于设置幻灯片的样式,可供用户设定各种标题文字、背景、属性等,只需更改一项内容即可更改所有幻灯片的设计。在 PowerPoint 中有 3 种母版:幻灯片母版、讲义母版和备注母版。

若要查看幻灯片母版,请显示母版视图。可以像更改任何幻灯片一样更改幻灯片母版;但要记住母版上的文本只用于样式,实际的文本(如标题和列表)应在普通视图的幻灯片上输入,而页眉和页脚应在"页眉和页脚"对话框中输入。

更改幻灯片母版时,已对单张幻灯片进行的更改将被保留。在应用设计模板时,会在演示文稿上添加幻灯片母版。通常,模板也包含标题母版,可以在标题母版上进行更改以应用于具有"标题幻灯片"版式的幻灯片。

所以,"应用于母版"包括了背景及所有的格式设置,然后如果把这个母版应用于幻灯片时,不仅仅是背景,而且所有的文字格式等都已经按照母版的设置而应用了。而"应用于所有幻灯片"意味着你把什么应用于幻灯片,如果只是背景,那么并不能改变母版所设置的图片文字的格式,只是改变了所有幻灯片的背景。

2. 幻灯片模板与母版的区别

简单地说,模板包含母版,母版只是模板的一部分。模板包含配色方案、自定义格式的幻灯片和标题母版及字体样式等格式，把它们快速用于其他新建的演示文稿。

3. SmartArt 图形

SmartArt 图形是信息和观点的视觉表示形式，可以通过从多种不同布局中进行选择，来创建 SmartArt 图形，从而快速、轻松、有效地传达信息。

早期版本的 Microsoft Office，则可能无法专注于内容，而是要花费大量时间进行以下操作：使各个形状大小相同并且适当对齐；使文字正确显示；手动设置形状的格式以符合文档的总体样式。PowerPoint 2010 提供了更丰富美观的 SmartArt 图形，使用 SmartArt 图形和其他新功能，如"主题"（即主题颜色、主题字体和主题效果三者的组合）。只需单击几下鼠标，即可创建具有设计师水准的插图。

实操练习

根据"项目三\任务三\实操练习\素材"，按照本任务工作过程，为绿苹果科技公司设计一份简介报告。

任务考核

根据"项目三\任务三\任务考核素材.xlsx"中提供的超市销售记录表，制作一份销售报告。

项目四　公司薪资管理

▌▌项目背景

　　企业薪资管理（即工资管理）是财务管理中必不可少的一项工作。工资管理指根据国家劳动法规和政策，对职工工资的发放实行计划、组织、协调、指导和监督。其范围包括：发给职工个人的劳动报酬和按国家规定发放的津贴、补贴等。

　　海拓公司的薪资管理是企业管理的重要组成部分，它影响到企业的发展，涉及每一位员工的切身利益。由于工资核算需要汇集多个工作表中的数据，所以工资管理是财务人员每月初比较头疼的一项工作。

▌▌项目分析

　　薪资管理需要根据员工上一个月的工作表现和员工的基础资料，制作工资明细表和工资发放表。为了使服务更贴心，还需要设计和制作员工工资条。这就要借助 Excel 强大的数据处理功能来制作各种数据工作表。有了这些技巧，人事薪资管理就会变得简单。晓欣根据经理布置的工作要求，计划完成以下几项任务。

　　（1）搜集和制作员工工资信息表（Excel）；
　　（2）制作工资明细表（Excel）；
　　（3）制作银行发放表（Excel）；
　　（4）制作工资条并打印（Excel）；
　　（5）制作员工个人收入证明（Word Excel）。

▌▌项目目标

　　本项目要求学生掌握 Excel 的数据处理功能，掌握不同工作表之间的数据引用，学会调用财务工资核算中常见的函数。通过本项目的训练，学生能基本完成企业的员工薪资的核算和管理工作。

任务一　工资信息表（Excel）

▌▌任务描述

　　制作工资信息表是薪资核算的前提，也是财务部门的常规工作。人事变动、工资调整及考勤等信息是工资结算的基础。有了这些原始信息，就可以利用 Excel 的表格功能和函数功能，创建税率表、员工信息表和考勤统计表等。

任务目标

知识目标：掌握 Excel 2010 表格基本制作和 Excel 中 DATEDIF 函数和 TODAY 函数的使用。熟练地使用公式进行实际应用，理解绝对引用的意义。

能力目标：培养学生搜集资料的能力，并能根据工作实际，利用 Excel 2010 设计公司的工资信息基础资料表。

情感目标：培养严谨、耐心细致的职业素养。

任务分析

为了完成该工作任务，晓欣需要与公司人力资源部门沟通协调，获取人事的基本信息和考勤信息，并编辑成基本信息表；还需要查询最新的税收法规，制作税率表等。

任务效果

本任务设计完成的员工基本信息表、员工考勤表、税率表如图 4.1.1～图 4.1.3 所示，见"项目四\任务一\员工工资信息基础资料表"。

员工编号	姓名	部门	职务	银行卡号	入公司时间	工龄	基础工资	绩效工资	工龄工资
H001	钟一鸣	行政部	经理	6212843172450218993	1999-02-19	14.00	2800.00	2500.00	420.00
H002	李明亮	行政部	职员	6212843172450219009	2001-12-06	11.00	2500.00	2000.00	330.00
H003	苏展旭	行政部	职员	6212843172450219017	2003-11-27	9.00	2500.00	1900.00	270.00
H004	林伟郴	行政部	职员	6212843172450219025	2005-07-24	8.00	2500.00	2000.00	240.00
H005	刘志鸿	研发部	经理	6212843172450219033	2001-05-07	12.00	4500.00	3800.00	360.00
H006	何家宇	研发部	职员	6212843172450219041	2003-02-05	10.00	3000.00	3500.00	300.00
H007	许国海	研发部	职员	6212843172450214711	2005-03-01	8.00	3000.00	3300.00	240.00
H008	黄健乔	研发部	职员	6212843172450214729	2004-02-29	9.00	3500.00	3300.00	270.00
H009	肖舒	销售部	经理	6212843172450214737	2003-10-17	9.00	2800.00	4300.00	270.00
H010	刘先锒	销售部	职员	6212843172450214745	2005-04-30	8.00	2200.00	4000.00	240.00
H011	卢佳怡	销售部	职员	6212843172450214760	2005-03-10	8.00	2000.00	3800.00	240.00
H012	黄月珠	销售部	职员	6212843172450214778	2009-06-08	4.00	1800.00	3600.00	120.00
H013	郑汇国	销售部	职员	6212843172450214786	2003-02-26	10.00	2200.00	3300.00	300.00
H014	陈思廷	销售部	职员	6212843172450214794	2002-04-19	11.00	2000.00	2800.00	330.00
H015	黄雁威	人事部	经理	6212843172450214802	2002-10-11	10.00	3000.00	2600.00	300.00
H016	陈桂伟	人事部	职员	6212843172450214919	2003-02-12	10.00	2400.00	2200.00	300.00
H017	刘运浩	人事部	职员	6212843172450214927	1999-12-31	13.00	2500.00	2200.00	390.00
H018	何雪枫	人事部	职员	6212843172450210345	2006-10-17	6.00	2200.00	2300.00	180.00

制表日期 2013-09-02

图 4.1.1

员工编号	姓名	部门	职务	应出勤天数	缺勤天数	实际工作天数	日常加班天数	节日加班	缺勤扣除
H001	钟一鸣	行政部	经理	22		22			0.00
H002	李明亮	行政部	职员	22		22	1		0.00
H003	苏展旭	行政部	职员	22	1	21			100.00
H004	林伟郴	行政部	职员	22		22			0.00
H005	刘志鸿	研发部	经理	22		22	2		0.00
H006	何家宇	研发部	职员	22		22	2		0.00
H007	许国海	研发部	职员	22	2	20			200.00
H008	黄健乔	研发部	职员	22		22	2		0.00
H009	肖舒	销售部	经理	22		22	3		0.00
H010	刘先锒	销售部	职员	22	1	21	2		100.00
H011	卢佳怡	销售部	职员	22		22	3		0.00
H012	黄月珠	销售部	职员	22		22	3		0.00
H013	郑汇国	销售部	职员	22	3	19			300.00
H014	陈思廷	销售部	职员	22		22	3		0.00
H015	黄雁威	人事部	经理	22		22	1		0.00
H016	陈桂伟	人事部	职员	22		22	2		0.00
H017	刘运浩	人事部	职员	22	1	21			100.00
H018	何雪枫	人事部	职员	22		22			0.00

制表日期 2013-09-02

图 4.1.2

	A	B	C	D	E	F	G
1	级数	全月应纳税额	上限范围	税率	速算扣除数	起征额	
2	1	不超过1500元的	0	3%	0	3500	
3	2	超过1500元至4500元的部分	1500	10%	105		
4	3	超过4500元至9000元的部分	4500	20%	555		
5	4	超过9000元至35000元的部分	9000	25%	1005		
6	5	超过35000元至55000元的部分	35000	35%	2755		
7	6	超过55000元至80000元的部分	55000	40%	5505		
8	7	超过80000元的部分	80000	45%	13505		

图 4.1.3

▌ 工作过程

1. 创建工作簿、重命名工作表

新建"员工工资信息基础资料表"工作簿，将工作表"Sheet1"、"Sheet2"、"Sheet3"工作表分别重命名为"员工基本信息表"、"员工考勤表"、"税率表"。

2. 制作员工基本信息表

公司员工的一些个人基本信息，如姓名、部门、工龄、基础工资等不会经常变动，对这类信息可以单独制作表格，方便后面的引用。

（1）切换到"员工基本信息表"，在 B2:J2 单元格区域输入表格的标题字段，合并A1:J1，输入表格名称为"海拓公司员工信息表"；在 A3 中输入"H001"，使用填充柄拖曳，快速输入员工的代码，如图 4.1.4 所示。

	A	B	C	D	E	F	G	H	I	J
1	海拓公司员工信息表									
2	员工编号	姓名	部门	职务	银行卡号	入公司时间	工龄	基础工资	绩效工资	工龄工资
3	H001									
4	H002									
5	H003									
6	H004									
7	H005									
8	H006									
9	H007									
10	H008									
11	H009									
12	H010									
13	H011									
14	H012									
15	H013									
16	H014									
17	H015									
18	H016									
19	H017									
20	H018									

图 4.1.4

> **小提示**
>
> 利用填充柄的拖曳功能,不仅能快速填充递增的数据,也能快速复制单元格的格式。

(2) 设置单元格的格式。选中单元格区域 B3:E20,设置单元格格式为"文本"格式。选中单元格 F3,单击鼠标右键,弹出"设置单元格格式"对话框,选择"数字"选项卡中的"自定义"命令,在"类型"中输入"yyyy-mm-dd",定义一个符合需要的日期格式,如图 4.1.5 所示,并通过填充柄拖曳,复制该格式至单元格区域 F4:F20。

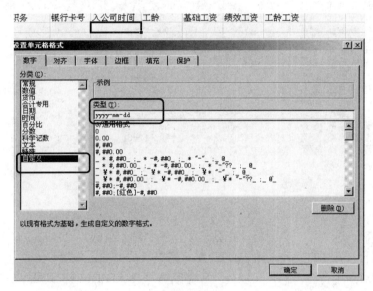

图 4.1.5

(3) 用同样的方法设置单元格区域 H3:J20 格式为"数值",保留两位小数,如图 4.1.6 所示。

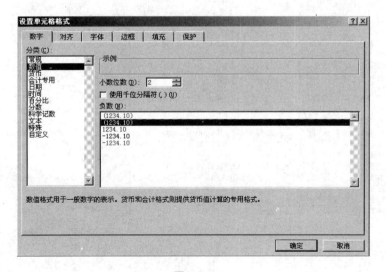

图 4.1.6

(4) 按照图 4.1.7 所示的数据，输入员工的基本信息，并在表的下方输入制表的日期。特别要注意 J22 单元格存放制表日期，该单元格的格式应跟前面 F 列中的"入公司时间"相同，均为"自定义"的日期格式，目的是为了方便接下来的计算。

	A	B	C	D	E	F	G	H	I	J
1					海拓公司员工信息表					
2	员工编号	姓名	部门	职务	银行卡号	入公司时间	工龄	基础工资	绩效工资	工龄工资
3	H001	钟一鸣	行政部	经理	6212843172450218993	1999-02-19		2800.00	2500.00	
4	H002	李明亮	行政部	职员	6212843172450219009	2001-12-06		2500.00	2000.00	
5	H003	苏展旭	行政部	职员	6212843172450219017	2003-11-27		2500.00	1900.00	
6	H004	林伟郴	行政部	职员	6212843172450219025	2005-07-24		2500.00	2000.00	
7	H005	刘志鸿	研发部	经理	6212843172450219033	2001-05-07		4500.00	3800.00	
8	H006	何家宇	研发部	职员	6212843172450219041	2003-02-05		4000.00	3500.00	
9	H007	许国海	研发部	职员	6212843172450214711	2005-03-01		3600.00	3300.00	
10	H008	黄健乔	研发部	职员	6212843172450214729	2004-02-29		3500.00	3300.00	
11	H009	肖舒	销售部	经理	6212843172450214737	2003-10-17		2800.00	4300.00	
12	H010	刘先银	销售部	职员	6212843172450214745	2005-04-30		2200.00	4000.00	
13	H011	卢佳怡	销售部	职员	6212843172450214760	2005-03-10		2000.00	3800.00	
14	H012	黄月珠	销售部	职员	6212843172450214778	2009-06-08		1800.00	3600.00	
15	H013	郑汇国	销售部	职员	6212843172450214786	2003-02-26		2200.00	3000.00	
16	H014	陈思廷	销售部	职员	6212843172450214794	2002-04-19		2000.00	2800.00	
17	H015	黄雁威	人事部	经理	6212843172450214802	2002-10-11		3000.00	2600.00	
18	H016	陈桂伟	人事部	职员	6212843172450214919	2003-02-12		2400.00	2200.00	
19	H017	刘运浩	人事部	职员	6212843172450214927	1999-12-31		2500.00	2200.00	
20	H018	何雪枫	人事部	职员	6212843172450210345	2006-10-17		2200.00	2300.00	
21										
22									制表日期	2013-09-02

图 4.1.7

(5) 计算工龄。选中 G3 单元格，在公式编辑栏中输入公式"=DATEDIF(F3,J22,"Y")"，即可得到第一条记录中员工的工龄。由于 J22 单元格中的数据固定保持不变，属于绝对引用，需要将 J22 加上绝对引用符合"$"，所以公式应更改为"=DATEDIF(F3,$J$22,"Y")"。利用填充柄拖曳，可得到每位员工的工龄，如图 4.1.8 所示。

		G3		fx	=DATEDIF(F3,$J$22,"Y")					
	A	B	C	D	E	F	G	H	I	J
1					海拓公司员工信息表					
2	员工编号	姓名	部门	职务	银行卡号	入公司时间	工龄	基础工资	绩效工资	工龄工资
3	H001	钟一鸣	行政部	经理	6212843172450218993	1999-02-19	14	2800.00	2500.00	
4	H002	李明亮	行政部	职员	6212843172450219009	2001-12-06	11	2500.00	2000.00	
5	H003	苏展旭	行政部	职员	6212843172450219017	2003-11-27	9	2500.00	1900.00	
6	H004	林伟郴	行政部	职员	6212843172450219025	2005-07-24	8	2500.00	2000.00	
7	H005	刘志鸿	研发部	经理	6212843172450219033	2001-05-07	12	4500.00	3800.00	
8	H006	何家宇	研发部	职员	6212843172450219041	2003-02-05	10	4000.00	3500.00	
9	H007	许国海	研发部	职员	6212843172450214711	2005-03-01	8	3600.00	3300.00	
10	H008	黄健乔	研发部	职员	6212843172450214729	2004-02-29	9	3500.00	3300.00	
11	H009	肖舒	销售部	经理	6212843172450214737	2003-10-17	9	2800.00	4300.00	
12	H010	刘先银	销售部	职员	6212843172450214745	2005-04-30	8	2200.00	4000.00	
13	H011	卢佳怡	销售部	职员	6212843172450214760	2005-03-10	8	2000.00	3800.00	
14	H012	黄月珠	销售部	职员	6212843172450214778	2009-06-08	4	1800.00	3600.00	
15	H013	郑汇国	销售部	职员	6212843172450214786	2003-02-26	10	2200.00	3000.00	
16	H014	陈思廷	销售部	职员	6212843172450214794	2002-04-19	11	2000.00	2800.00	
17	H015	黄雁威	人事部	经理	6212843172450214802	2002-10-11	10	3000.00	2600.00	
18	H016	陈桂伟	人事部	职员	6212843172450214919	2003-02-12	10	2400.00	2200.00	
19	H017	刘运浩	人事部	职员	6212843172450214927	1999-12-31	13	2500.00	2200.00	
20	H018	何雪枫	人事部	职员	6212843172450210345	2006-10-17	6	2200.00	2300.00	
21										
22									制表日期	2013-09-02

图 4.1.8

(6) 计算工龄工资。选中单元格 J3，在公式编辑栏中输入"=G3*30"，即可得到员工的工龄工资，如图 4.1.9 所示。

图 4.1.9

(7) 美化工作表。适当调整列宽，设置表格字号为 11，居中对齐，设置表格名称的标题字号为 18 且为黑体，并为表格添加边框。完成员工信息表的制作，如图 4.1.10 所示。

图 4.1.10

3. 制作员工考勤表

（1）切换到"员工考勤表"，在 B2:J2 单元格区域输入表格的标题字段，合并 A1:J1，输入表格名称"海拓公司员工考勤表"，如图 4.1.11 所示。由于标题字段较长，需要设置自动换行。选中标题字段，单击"对齐方式"选项卡中的"自动换行"按钮可进行快速设置。

（2）从"员工基本信息表"中复制前四列数据到"员工考勤表"中，输入应出勤天数、缺勤天数及日常加班天数，并适当美化工作表，如图 4.1.12 所示。

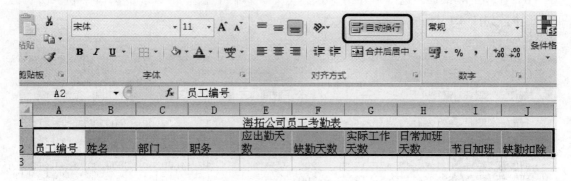

图 4.1.11

	A	B	C	D	E	F	G	H	I	J
1	海拓公司员工考勤表									
2	员工编号	姓名	部门	职务	应出勤天数	缺勤天数	实际工作天数	日常加班天数	节日加班	缺勤扣除
3	H001	钟一鸣	行政部	经理	22					
4	H002	李明亮	行政部	职员	22			1		
5	H003	苏展旭	行政部	职员	22	1				
6	H004	林伟郴	行政部	职员	22					
7	H005	刘志鸿	研发部	经理	22			2		
8	H006	何家宇	研发部	职员	22			2		
9	H007	许国海	研发部	职员	22	2				
10	H008	黄健乔	研发部	职员	22			2		
11	H009	肖舒	销售部	经理	22			3		
12	H010	刘先银	销售部	职员	22	1		2		
13	H011	卢佳怡	销售部	职员	22			3		
14	H012	黄月珠	销售部	职员	22			3		
15	H013	郑汇国	销售部	职员	22	3				
16	H014	陈思廷	销售部	职员	22			3		
17	H015	黄雁威	人事部	经理	22			1		
18	H016	陈桂伟	人事部	职员	22			2		
19	H017	刘运浩	人事部	职员	22	1				
20	H018	何雪枫	人事部	职员	22					

图 4.1.12

（3）计算实际工作天数，如图 4.1.13 所示，选中单元格 J3，在公式编辑栏中输入"=E3-F3"，即可得到员工的实际工作天数。

	A	B	C	D	E	F	G	H	I	J
1	海拓公司员工考勤表									
2	员工编号	姓名	部门	职务	应出勤天数	缺勤天数	实际工作天数	日常加班天数	节日加班	缺勤扣除
3	H001	钟一鸣	行政部	经理	22		22			
4	H002	李明亮	行政部	职员	22		22	1		
5	H003	苏展旭	行政部	职员	22	1	21			
6	H004	林伟郴	行政部	职员	22		22			

图 4.1.13

（4）计算缺勤扣除。按照公式规定，缺勤一天，扣除金额 100 元。如图 4.1.14 所示，选中单元格 J3，在公式编辑栏中输入“=F3*100”，即可得到员工的缺勤扣除数。

J3　fx =F3*100

	A	B	C	D	E	F	G	H	I	J
1	海拓公司员工考勤表									
2	员工编号	姓名	部门	职务	应出勤天数	缺勤天数	实际工作天数	日常加班天数	节日加班	缺勤扣除
3	H001	钟一鸣	行政部	经理	22		22			0
4	H002	李明亮	行政部	职员	22		22	1		0
5	H003	苏展旭	行政部	职员	22	1	21			100
6	H004	林伟郴	行政部	职员	22		22			0
7	H005	刘志鸿	研发部	经理	22		22	2		0
8	H006	何家宇	研发部	职员	22		22	2		0
9	H007	许国海	研发部	职员	22	2	20			200

图 4.1.14

（5）添加制表日期，即可得到员工考勤表。

4．税率表

2011 年我国将个税起征点从 2000 元上调至 3500 元，使得缴纳个税的人数从 8400 万降到了 2400 万。在创建工资信息表时，个人所得税税率是一项很重要的内容，由于税率变动少，因此，在制作时往往单独创建一份个人所得税税率表。在查阅税法修改后的减除费用标准和税率表后，我们搜集了当前采用的税率标准，制作适合公司使用的个人所得税税率表。

（1）切换到“税率表”，输入基本数据。如图 4.1.15 所示，在 A1:F1 的单元格区域中，输入表格标题；在 B1:F8 中，输入表格的数据。适当调整列宽，使单元格能够完全显示内容。

G7　fx

	A	B	C	D	E	F
1	级数	全月应纳税额	上限范围	税率	速算扣除数	起征额
2	1	不超过1500元的	0	0.03	0	3500
3	2	超过1500元至4500元的部分	1500	0.1	105	
4	3	超过4500元至9000元的部分	4500	0.2	555	
5	4	超过9000元至35000元的部分	9000	0.25	1005	
6	5	超过35000元至55000元的部分	35000	0.35	2755	
7	6	超过55000元至80000元的部分	55000	0.4	5505	
8	7	超过80000元的部分	80000	0.45	13505	
9						
10						
11						

图 4.1.15

（2）美化工作表。设置表格各单元格的字体字号为 9，单元格居中对齐；设置表格标题字形加粗；为表格添加边框，如图 4.1.16 所示。

	A	B	C	D	E	F
1	级数	全月应纳税额	上限范围	税率	速算扣除数	起征额
2	1	不超过1500元的	0	0.03	0	3500
3	2	超过1500元至4500元的部分	1500	0.1	105	
4	3	超过4500元至9000元的部分	4500	0.2	555	
5	4	超过9000元至35000元的部分	9000	0.25	1005	
6	5	超过35000元至55000元的部分	35000	0.35	2755	
7	6	超过55000元至80000元的部分	55000	0.4	5505	
8	7	超过80000元的部分	80000	0.45	13505	

图 4.1.16

（3）将 D 列税率的数据设置为百分比形式。选中 D2:D7，单击鼠标右键，在弹出的快捷菜单中选择"设置单元格格式"命令，在"数字"选项卡中，选择"百分比"命令，如图 4.1.17 所示，设置小数位数为 0，单击"确定"按钮并保存工作表，完成税率表的制作。

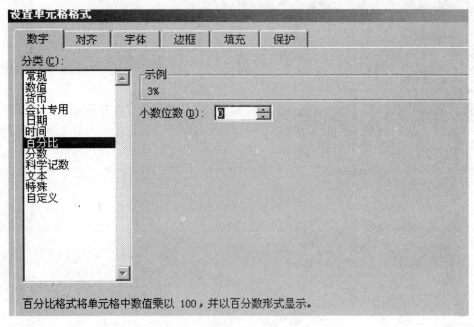

图 4.1.17

至此，本任务结束。

相关知识

1. DATEDIF 函数的使用

DATEDIF 函数是 Excel 隐藏函数，在帮助和插入公式里面没有。作用是：返回两个日期之间的年\月\日间隔数

1）语法

DATEDIF(start_date,end_date,unit)

参数说明：start_date 为一个日期，它代表时间段内的第一个日期或起始日期；

end_date 为一个日期，它代表时间段内的最后一个日期或结束日期；

unit 为所需信息的返回类型。其中类型有以下几种。

"Y"：时间段中的整年数。

"M"：时间段中的整月数。

"D"：时间段中的天数。

"YD"：start_date 与 end_date 日期中天数的差。忽略日期中的年。

"MD"：start_date 与 end_date 日期中天数的差。忽略日期中的月和年。

"YM"：start_date 与 end_date 日期中月数的差。忽略日期中的日和年。

注意：结束日期必须大于起始日期。

下面举个在日常工作中非常实用的小例子。

假如 A1 单元格写的是一个日期，为"1993-4-1"，系统当前的日期为"2013-11-7"。下面的六个公式可以计算出 A1 单元格的日期和今天的时间差，如表 4.1.1 所示。注意下面公式中的引号、逗号、括号都是在英文状态下输入的。

表 4.1.1

公　式	返 回 结 果	说　　明
=DATEDIF(A1,TODAY(),"Y")	20	当返回类型为"Y"时，计算结果是两个日期间隔的年数
=DATEDIF(A1,TODAY(),"M")	247	当返回类型为"M"时，计算结果是两个日期间隔的月份数
=DATEDIF(A1,TODAY(),"D")	7523	当返回类型为"D"时，计算结果是两个日期间隔的天数
=DATEDIF(A1,TODAY(),"YD")	218	当返回类型为"YD"时，计算结果是两个日期间隔的天数，忽略年数差
=DATEDIF(A1,TODAY(),"MD")	4	当返回类型为"MD"时，计算结果是两个日期间隔的天数，忽略年数和月份之差
=DATEDIF(A1,TODAY(),"YM")	7	当返回类型为"YM"时，计算结果是两个日期间隔的月份数，不计相差年数

注：在上面的公式中，TODAY()函数获取的是所使用的计算机系统的当前日期，所使用的计算机系统设置的日期不同，得到的结果也就不一样。

2．相对引用与绝对引用

1）相对引用

单元格或单元格区域的相对引用是指相对于包含公式的单元格的相对位置。例如，如图 4.1.18 所示，单元格 B2 包含公式"=A1"；Excel 将在距单元格 B2 上面一个单元格和左面一个单元格处的单元格中查找数值。

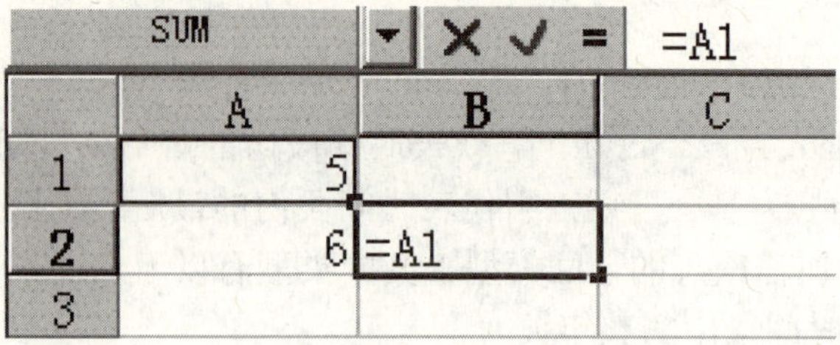

图 4.1.18

在复制包含相对引用的公式时，Excel 将自动调整复制公式中的引用，以便引用相对于当前公式位置的其他单元格。例如，单元格 B2 中含有公式"=A1"，A1 是 B2 左上方的单元格，拖动 A2 的填充柄将其复制至单元格 B3 时，其中的公式已经改为"=A2"，如图 4.1.19 所示，即单元格 B3 左上方单元格处的单元格。

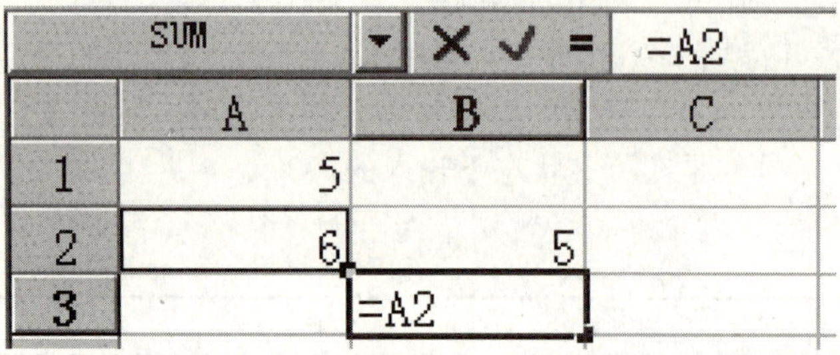

图 4.1.19

2）绝对引用

绝对引用是指引用单元格的绝对名称。例如，如果公式将单元格 A1 乘以单元格 A2(=A1×A2)放到 A4 中，将公式复制到另一单元格中，则 Excel 将调整公式中的两个引用。如果不希望这种引用发生改变，需在引用的"行号"和"列号"前加上美元符号($)，这样就是单元格的绝对引用。A4 中输入公式：

=$A$1×$A$2

复制 A4 中的公式到任何一个单元格，其值都不会改变。

3）相对引用与绝对引用之间的切换

如果创建了一个公式并希望将相对引用更改为绝对引用（反之亦然）可按下面的步骤操作。

（1）选定包含该公式的单元格；

（2）在编辑栏中选择要更改的引用并按 F4 键；

（3）每次按 F4 键时，Excel 会在以下组合间切换：

① 绝对列与绝对行（如，$A$1）；

② 相对列与绝对行（如 A$1）；

③ 绝对列与相对行（如$C1）；

④ 相对列与相对行（如 C1）。

例如，在公式中选择地址$A$1 并按 F4 键，引用将变为 A$1。再一次按 F4 键，引用将变为$A1，以此类推，如表 4.1.2 所示。

表 4.1.2

=	=$A$1*$A$2	=	=A$1*$A$2	=	=$A1*$A$2	=	=A1*$A$2
按一次 F4 键		按两次 F4 键		按三次 F4 键		按四次 F4 键	

实操练习

根据"项目四\任务四\实操练习素材.xlsx"中提供的绿苹果科技公司员工的基本信息表和 2014 年 5 月的考勤记录，完成以下操作。

（1）制作出该公司员工 2014 年 5 月的基本信息表，其中使用 DATEDIF 函数计算员工的工龄；每增加一年工龄，工龄工资增加 40 元，根据这个标准计算员工的工龄工资。
（2）制作员工的考勤记录表，其中每缺勤一天，扣除 150 元的金额。
（3）查阅最新的税收法规，制作税率表。

任务考核

制作一份班级学生基本信息表：
（1）搜集班里所有同学的学号、姓名、性别、电话、住址、QQ、邮箱等信息；
（2）利用 Excel 制作一份班级学生基本信息表；
（3）使用 DATEDIF 函数，计算班里同学的年龄。

任务二　工资明细表（Excel）

任务描述

工资明细表是工资核算中非常重要的一个部分。不同企业因自身的业务和实际情况不同，工资核算方法也不同。在不同的工作岗位，工资的计算方法也不同。海拓公司的员工工资由基础工资、绩效工资、工龄工资、福利待遇等构成，还需要扣除一些社会保险、个人所得税和考勤扣除金等。所以工资明细表的主要作用是要统计员工的工作明细和实发工资。实发工资就是员工上个月通过自己的劳动所获取的工资额。

任务目标

知识目标：掌握 Excel 2010 公式的使用和 Excel 中 IF、LOOKUP 等函数的使用；学会用隐藏列来美化表格。
能力目标：培养学生解读公司财务管理制度的能力，掌握使用 Excel 2010 设计公司的工资明细表。
情感目标：了解公司的财务管理制度和公司的人文关怀。

任务分析

为了完成该工作任务，晓欣需要熟悉公司的财务管理制度，了解最新的所得税计算方法，结合前面任务已完成的员工工资信息基础资料表，制作一份完整的工资明细表，主要包括以下几项内容。

（1）计算应发工资，即员工的基础工资、绩效工资、工龄工资和福利补助之和。

（2）计算应纳税所得额，即每月取得的工资收入减去员工个人承担的养老保险、医疗保险、住房公积金，再减去起征额 3500 元所得。公司三险一金的标准是养老保险 8%、医疗保险 2%、失业保险 1%、住房公积金 8%。

（3）计算个人所得税。

（4）计算实发工资。

任务效果

本任务设计的工资明细表如图 4.2.1 所示，见"项目四\任务二\海拓公司工资明细表"。

图 4.2.1

工作过程

在任务一中制作的员工基本信息表、考勤表和税率表是工资明细表的基础。

1. 新建工作簿文件

复制任务一的员工工资基础资料信息表，并更改文件名为"海拓公司员工工资明细表"。打开该工作簿，单击工作表标签区域的"插入工作表"按钮，插入新的工作表"Sheet1"，并重命名为"工资明细表"。如图 4.2.2 和 4.2.3 所示。

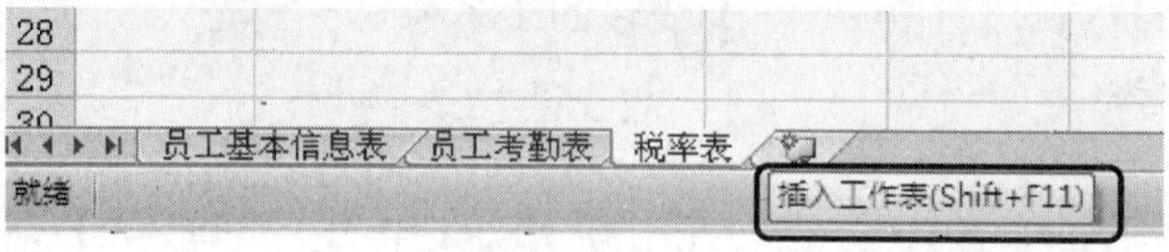

图 4.2.2

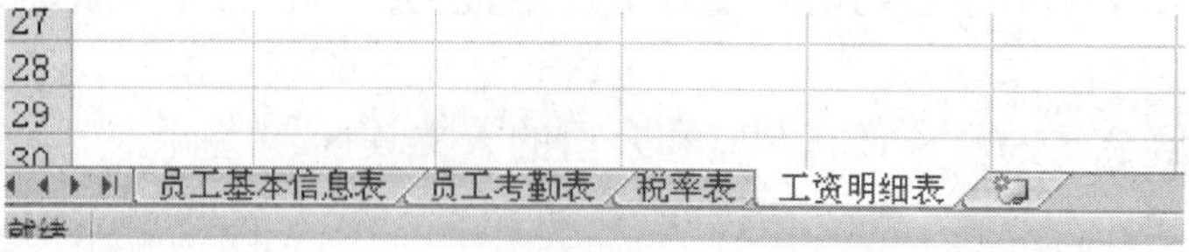

图 4.2.3

2. 录入基本数据

（1）在 A1 中输入表格标题"海拓公司员工工资明细表"。在 B2:S2 的区域中，输入

"员工编号、姓名、职务、基础工资、绩效工资、工龄工资、交通补助、通讯补助、日常加班补助、节日加班补助、应发合计、缺勤扣除、养老保险、失业保险、医疗保险、住房公积金、个人所得税、实发合计、签名"的表格标题字段。

（2）合并单元格 B1:S1 区域，调整第 1 行行高为 40，设置字体为黑体，字号为 24 号。设置第 2 行标题字段行为"自动换行"，字形加粗，如图 4.2.4 所示。

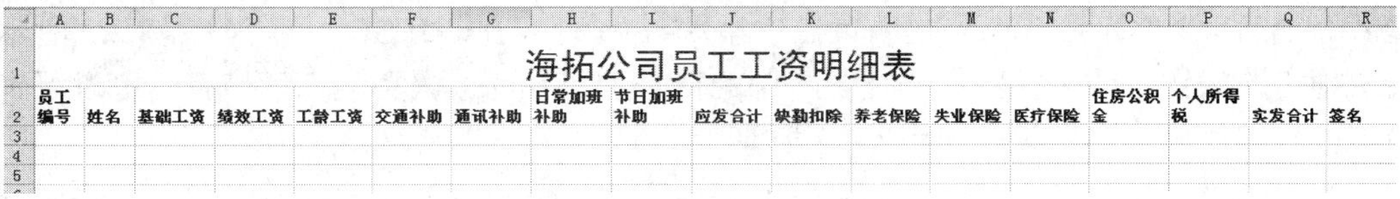

图 4.2.4

（3）设置 C3:Q20 单元格区域的单元格格式为"数值"，并保留两位小数。从"员工基本信息表"中复制数据到"工资明细表"。由于工龄工资是由公式计算得到的，复制出现如图 4.2.5 所示的情况。单击旁边的"复制"提示按钮，弹出图中显示的选项，单击图中标注的"123"值选项按钮，即可将工龄工资的数值复制过来。

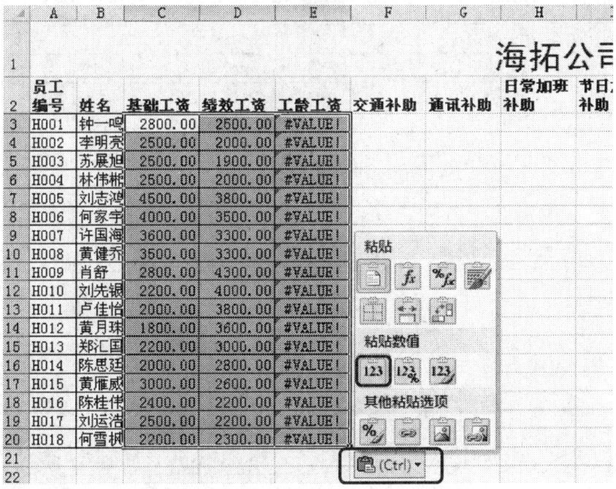

图 4.2.5

（4）输入交通补助和通讯补助的具体金额，如图 4.2.6 所示，并合并单元格 A21:B21，输入"合计"，设置其字形为加粗。

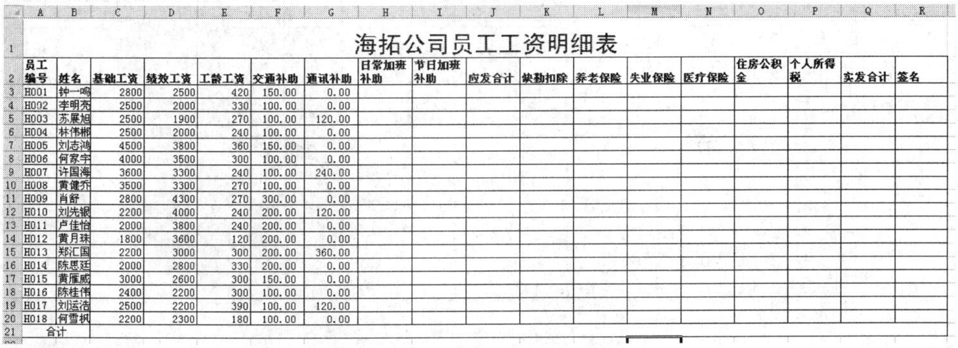

图 4.2.6

3. 公式计算

根据公司的制度规定，公司的三险一金标准是个人扣除应发工资的一定比例，公司补助相应的比例，其中养老保险 8%、医疗保险 2%、失业保险 1%、住房公积金 8%；公司的日常加班费每天 120 元，节日加班费每天 300 元，缺勤一次扣除 150 元。

（1）计算日常加班补助。单击 H3 单元格，在公式编辑栏中输入“=”，然后单击“员工考勤表”中的 H3 单元格，在公式编辑栏中输入“=员工考勤表!H3*120”，如图 4.2.7 所示，单击“确定”按钮，即可得到第一行中员工的日常加班补助。采用填充柄拖曳，可以得到所有员工的日常加班补助金额，如图 4.2.8 所示。

LOOKUP =员工考勤表!H3*120

	A	B	C	D	E	F	G	H	I	J
1	海拓公司员工考勤表									
2	员工编号	姓名	部门	职务	应出勤天数	缺勤天数	实际工作天数	日常加班天数	节日加班	缺勤扣除
3	H001	钟一鸣	行政部	经理	22		22			0.00
4	H002	李明亮	行政部	职员	22		22	1		0.00
5	H003	苏展旭	行政部	职员	22	1	21			100.00
6	H004	林伟郴	行政部	职员	22		22			0.00
7	H005	刘志鸿	研发部	经理	22		22	2		0.00
8	H006	何家宇	研发部	职员	22		22	2		0.00

图 4.2.7

H3 =员工考勤表!H3*120

	A	B	C	D	E	F	G	H	I
1								海拓公司员	
2	员工编号	姓名	基础工资	绩效工资	工龄工资	交通补助	通讯补助	日常加班补助	节日加班补助
3	H001	钟一鸣	2800.00	2500.00	420.00	150.00	0.00	0.00	
4	H002	李明亮	2500.00	2000.00	330.00	100.00	0.00	120.00	
5	H003	苏展旭	2500.00	1900.00	270.00	100.00	120.00	0.00	
6	H004	林伟郴	2500.00	2000.00	240.00	100.00	0.00	0.00	
7	H005	刘志鸿	4500.00	3800.00	360.00	150.00	0.00	240.00	
8	H006	何家宇	4000.00	3500.00	300.00	100.00	0.00	240.00	
9	H007	许国海	3600.00	3300.00	240.00	100.00	240.00	0.00	
10	H008	黄健乔	3500.00	3300.00	270.00	100.00	0.00	240.00	
11	H009	肖舒	2800.00	4300.00	270.00	300.00	0.00	360.00	
12	H010	刘先银	2200.00	4000.00	240.00	200.00	120.00	240.00	
13	H011	卢佳怡	2000.00	3800.00	240.00	200.00	0.00	360.00	
14	H012	黄月珠	1800.00	3600.00	120.00	200.00	0.00	360.00	
15	H013	郑汇国	2200.00	3000.00	300.00	200.00	360.00	0.00	
16	H014	陈思廷	2000.00	2800.00	330.00	200.00	0.00	360.00	
17	H015	黄雁威	3000.00	2600.00	300.00	150.00	0.00	120.00	
18	H016	陈桂伟	2400.00	2200.00	300.00	100.00	0.00	240.00	
19	H017	刘运浩	2500.00	2200.00	390.00	100.00	120.00	0.00	
20	H018	何雪枫	2200.00	2300.00	180.00	100.00	0.00	0.00	

图 4.2.8

（2）节日加班补助可参考上面同样的方法，计算公式为"=员工考勤表!I3*300"，由于本例中节日加班天数为 0，所以节日加班补助均为 0。

（3）计算"应发合计"。采用自动求和函数 SUM，计算应发合计工资。应发工资为基础工资、绩效工资、工龄工资、交通补助、通讯补助、日常加班补助、节日加班补助之和，如图 4.2.9 所示。

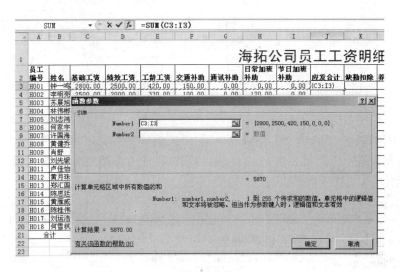

图 4.2.9

（4）计算"缺勤扣除"，计算方法与日常加班补助方法一样，计算公式为"=员工考勤表!F3*150"。

（5）计算三险一金。三险一金的个人扣除比例为养老保险 8%、医疗保险 2%、失业保险 1%、住房公积金 8%。单击 L3 单元格，在公式编辑栏中输入公式"=J3*8%"，单击"确定"按钮后即可得到第 1 个员工的养老保险扣除金额，拖曳填充柄可得到所有员工的养老保险。采用同样的方法计算医疗保险的公式为"=J3*2%"，失业保险的公式为"=J3*1%"，住房公积金"=J3*8%"，计算后得到的结果如图 4.2.10 所示。

海拓公司员工工资明细表

日常加班补助	节日加班补助	应发合计	缺勤扣除	养老保险	失业保险	医疗保险	住房公积金	个人所得税	实发合计	签名
0.00	0.00	5870.00	0.00	469.60	58.70	117.40	469.60			
120.00	0.00	5050.00	0.00	404.00	50.50	101.00	404.00			
0.00	0.00	4890.00	150.00	391.20	48.90	97.80	391.20			
0.00	0.00	4840.00	0.00	387.20	48.40	96.80	387.20			
240.00	0.00	9050.00	0.00	724.00	90.50	181.00	724.00			
240.00	0.00	8140.00	0.00	651.20	81.40	162.80	651.20			
0.00	0.00	7480.00	300.00	598.40	74.80	149.60	598.40			
240.00	0.00	7410.00	0.00	592.80	74.10	148.20	592.80			
360.00	0.00	8030.00	0.00	642.40	80.30	160.60	642.40			
240.00	0.00	7000.00	150.00	560.00	70.00	140.00	560.00			
360.00	0.00	6600.00	0.00	528.00	66.00	132.00	528.00			
360.00	0.00	6080.00	0.00	486.40	60.80	121.60	486.40			
0.00	0.00	6060.00	450.00	484.80	60.60	121.20	484.80			
360.00	0.00	5690.00	0.00	455.20	56.90	113.80	455.20			
120.00	0.00	6170.00	0.00	493.60	61.70	123.40	493.60			
240.00	0.00	5240.00	0.00	419.20	52.40	104.80	419.20			
0.00	0.00	5310.00	150.00	424.80	53.10	106.20	424.80			
0.00	0.00	4780.00	0.00	382.40	47.80	95.60	382.40			

图 4.2.10

4. 计算应纳税所得额

应纳税所得额，指的是每月取得的工资收入减去员工个人承担的养老保险、医疗保险、住房公积金，再减去起征额 3500 元。

(1) 在"签名"列后增加三列，分别为应纳税额、税率、速算扣除数，如图 4.2.11 所示。

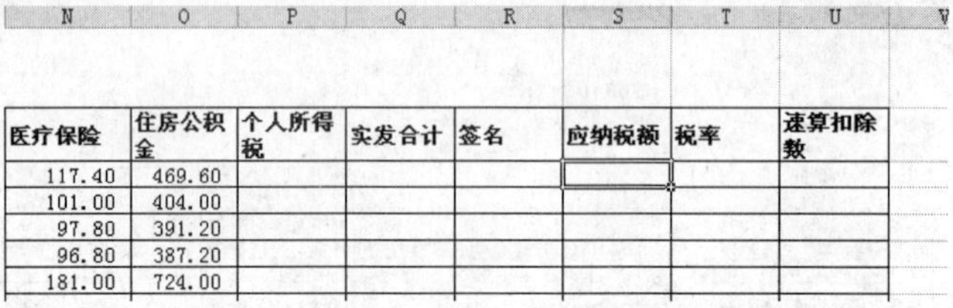

图 4.2.11

(2) 计算应纳税额。单击 S3 单元格，在公式编辑栏输入"=K3-L3-M3-N3-O3-P3-3500"，即可得到第 1 个员工的应纳税额，拖曳填充柄可得到所有员工的应纳税额，如图 4.2.12 所示。

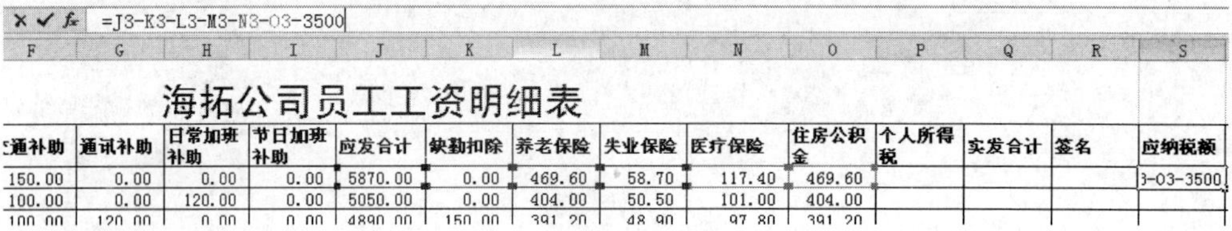

图 4.2.12

5. 计算税率

(1) 单击 T3 单元格，插入 IF 函数，弹出 IF 函数对话框，将光标定位在第一个文本框（Logical_test）中，输入"S3=0"；在第二个文本框（Value_if_true）中，输入"0"，如图 4.2.13 所示，目的是为了排除"应纳税额为 0，税率就为 0"的情况。

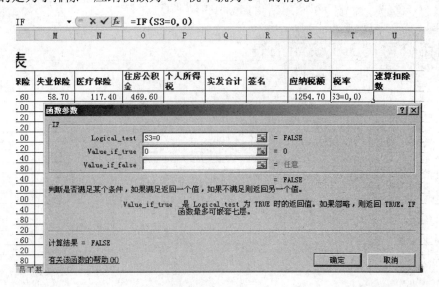

图 4.2.13

（2）将光标定位在第三个文本框（Value_if_false）中，选择 LOOKUP 函数，如图 4.2.14 所示。采用这种办法在 IF 函数中嵌套了第 2 个函数 LOOKUP。单击"确定"按钮后，弹出如图 4.2.15 所示的对话框，选择第一个选项，单击"确定"按钮。

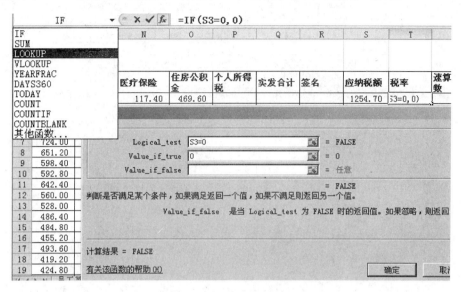

图 4.2.14

图 4.2.15

（3）弹出如图 4.2.16 所示的 LOOKUP 函数对话框，在第一个文本框（Lookup_value）中输入"S3"（即第 1 个员工的应纳税额）。

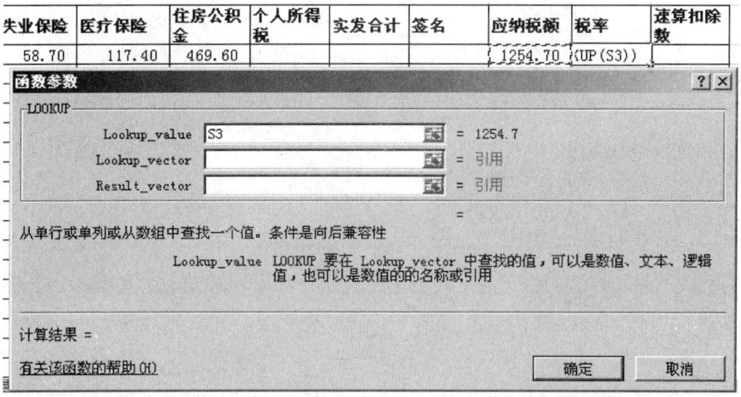

图 4.2.16

(4)将光标定位在第二个文本框（Lookup_vector）中，切换到"税率表"，拖曳选择税率表中 C2:C8 区域的单元格，按 F4 快捷键，转换成绝对引用，如图 4.2.17 所示。

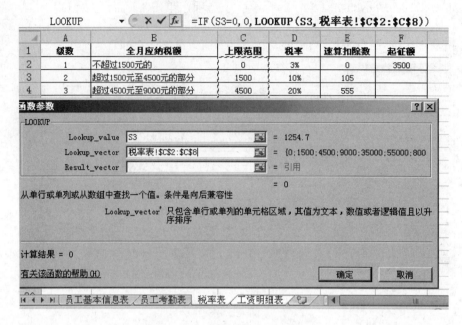

图 4.2.17

(5)将光标定位到第三个文本框（Result_vector）中，切换到"税率表"，拖曳选择税率表中 D2:D8 区域的单元格，按 F4 快捷键，转换成绝对引用，如图 4.2.18 所示。

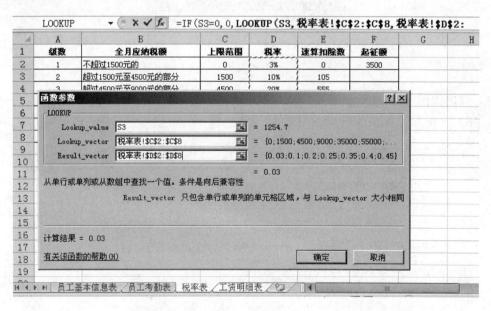

图 4.2.18

(6)单击"确定"按钮后即可得到第 1 个员工的税率，拖曳填充柄可得到所有员工的税率。

> **小提示**
>
> 本例中的最终公式如下
> =IF(S3=0,0,LOOKUP(S3,税率表!$C$2:$C$8,税率表!$D$2:$D$10))
> 其意义为：如果 S3=0，则返回 0 值，否则要在"税率表"工作表中的 C2:C8 单元格区域中查找等于 S3 的值或是小于 S3 又最接近 S3 的值，并返回同行中 D 列的值。

6. 计算速算扣除数

速算扣除数的计算方法与税率类似，具体步骤可参看前面步骤 5 的操作，公式如下：
=IF(S3=0,0,LOOKUP(S3,税率表!$C$2:$C$8,税率表!$E$2:$E$8))

7. 计算个人所得税

个人的应纳税额乘以税率，再减去速算扣除数，就为该员工的个人所得税。选中单元格 P3，在公式编辑栏中输入公式"=S3*T3-U3"，单击"确定"按钮即可。采用填充柄拖曳，可得到所有员工的个人所得税，如图 4.2.19 所示。

图 4.2.19

8. 计算实发合计

应发合计减去缺勤扣除、三险一金和个人所得税，即可得到实发工资。选中单元格 Q3，在公式编辑栏中输入公式"=J3-K3-L3-M3-N3-O3-P3"，单击"确定"按钮即可。采用填充柄拖曳，可得到所有员工的实发工资，如图 4.2.20 所示。

图 4.2.20

9. 隐藏列

为了美观，可隐藏用来辅助计算的"应纳税额"、"税率"、"速算扣除数"三列。选中 S:U 列，单击鼠标右键，在弹出的会计菜单中选择"隐藏"命令。

10. 计算合计

利用 SUM 函数，计算各列的合计金额。适当调整表格的列宽和显示比例，得到如图 4.2.21 所示的工资明细表。

员工编号	姓名	基础工资	绩效工资	工龄工资	交通补助	通讯补助	日常加班补助	节日加班补助	应发合计	缺勤扣除	养老保险	失业保险	医疗保险	住房公积金	个人所得税	实发合计	签名
H001	钟一鸣	2800.00	2500.00	420.00	150.00	0.00	0.00	0.00	5870.00	0.00	469.60	58.70	117.40	469.60	37.64	4717.06	
H002	李明亮	2500.00	2000.00	330.00	100.00	0.00	120.00	0.00	5050.00	0.00	404.00	50.50	101.00	404.00	17.72	4072.79	
H003	苏晨旭	2500.00	1900.00	270.00	100.00	120.00	0.00	0.00	4890.00	150.00	391.20	48.90	97.80	391.20	9.33	3801.57	
H004	林佳彬	2500.00	2000.00	240.00	100.00	0.00	0.00	0.00	4840.00	0.00	387.20	48.40	96.80	387.20	12.61	3907.79	
H005	刘志鸿	4500.00	3800.00	360.00	150.00	0.00	240.00	0.00	9050.00	0.00	724.00	90.50	181.00	724.00	278.05	7052.45	
H006	何家宇	4000.00	3500.00	300.00	100.00	0.00	240.00	0.00	8140.00	0.00	651.20	81.40	162.80	651.20	204.34	6389.06	
H007	许国海	3600.00	3300.00	240.00	100.00	240.00	0.00	0.00	7480.00	300.00	598.40	74.80	149.60	598.40	120.88	5637.92	
H008	黄健齐	3500.00	3300.00	270.00	100.00	0.00	240.00	0.00	7410.00	0.00	592.80	74.10	148.20	592.80	145.21	5856.89	
H009	肖舒	2800.00	4300.00	270.00	300.00	0.00	360.00	0.00	8030.00	0.00	642.40	80.30	160.60	642.40	195.43	6308.87	
H010	刘先锐	2200.00	4000.00	240.00	200.00	120.00	240.00	0.00	7000.00	150.00	560.00	70.00	140.00	560.00	97.00	5423.00	
H011	卢佳怡	2000.00	3800.00	240.00	200.00	0.00	360.00	0.00	6600.00	0.00	528.00	66.00	132.00	528.00	79.60	5266.40	
H012	黄月珠	1800.00	3600.00	120.00	200.00	0.00	360.00	0.00	6080.00	0.00	486.40	60.80	121.60	486.40	42.74	4882.06	
H013	郑汇国	2200.00	3000.00	200.00	200.00	360.00	0.00	0.00	6060.00	450.00	484.80	60.60	121.20	484.80	28.76	4429.84	
H014	陈思廷	2000.00	2800.00	330.00	200.00	0.00	360.00	0.00	5690.00	0.00	455.20	56.90	113.80	455.20	33.27	4575.63	
H015	黄雁威	3000.00	2600.00	300.00	150.00	0.00	120.00	0.00	6170.00	0.00	493.60	61.70	123.40	493.60	44.93	4952.77	
H016	陈桂伟	2400.00	2200.00	300.00	100.00	0.00	240.00	0.00	5240.00	0.00	419.20	52.40	104.80	419.20	22.33	4222.07	
H017	刘运浩	2500.00	2200.00	390.00	100.00	120.00	0.00	0.00	5310.00	150.00	424.80	53.10	106.20	424.80	19.53	4131.57	
H018	何雪枫	2200.00	2300.00	180.00	100.00	0.00	0.00	0.00	4780.00	0.00	382.40	47.80	95.60	382.40	11.15	3860.65	
合计		49000.00	53100.00	5100.00	2650.00	960.00	2880.00	0.00	113690.00	1200.00	9095.20	1136.90	2273.80	9095.20	1400.52	89488.38	

图 4.2.21

至此，任务二结束。

相关知识

1. IF 函数

IF 函数执行真假值判断，根据逻辑计算的真假值，返回不同结果。可以使用函数 IF 对数值和公式进行条件检测。

语法：IF(logical_test,value_if_true,value_if_false)

参数说明：logical_test 表示计算结果为 TRUE 或 FALSE 的任意值或表达式；

value_if_true、logical_test 为 TRUE 时返回的值；

Value_if_false、logical_test 为 FALSE 时返回的值。

如果判断标准有汉字内容，则在汉字前后加上英文状态下的双引号" "。例如，IF(G2="广州",400,200)"。

IF 函数可以嵌套使用，最多嵌套 7 个 IF 。多个 IF 嵌套时，尽量使用同一种逻辑运算符，即统一使用大于号或者统一使用小于号，以避免出现不必要的错误。

2. LOOKUP 函数

函数 LOOKUP 有两种语法形式：向量和数组。

函数 LOOKUP 的向量形式是在单行区域或单列区域（向量）中查找数值，然后返回第二个单行区域或单列区域中相同位置的数值；函数 LOOKUP 的数组形式在数组的第一行或第一列查找指定的数值，然后返回数组的最后一行或最后一列中相同位置的数值。

下面介绍 LOOKUP 的使用方法。

（1）向量形式：公式= LOOKUP(lookup_value,lookup_vector,result_vector)

参数说明：lookup_value——函数 LOOKUP 在第一个向量中所要查找的数值，它可以为数字、文本、逻辑值或包含数值的名称或引用。

lookup_vector——只包含一行或一列的区域，lookup_vector 的数值可以为文本、数字或逻辑值，而 lookup_vector 中的值必须按升序顺序排列。

result_vector——只包含一行或一列的区域，其大小必须与 lookup_vector 相同。

注意：lookup_vector 的数值必须按升序排列，否则函数 LOOKUP 不能返回正确的结果。文本不区分大小写。如果函数 LOOKUP 找不到 lookup_value，则查找 lookup_vector 中小于或等于 lookup_value 的最大数值。如果 lookup_value 小于 lookup_vector 中的最小值，函数 LOOKUP 返回错误值#N/A。

【例 1】如图 4.2.22 所示，在列 A 中查找频率为 4.59，然后返回列 B 中同一行内的值，结果为绿色。

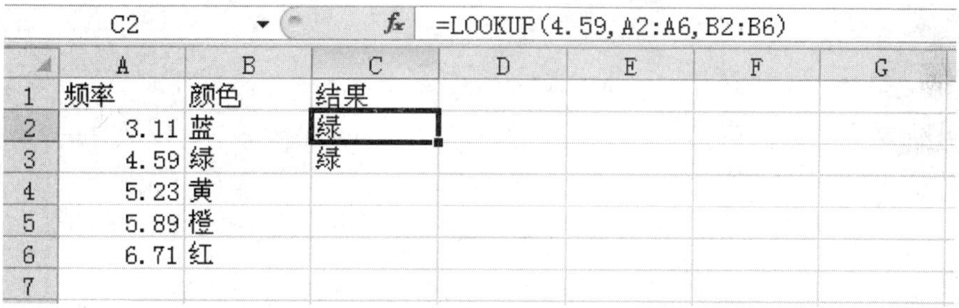

	A	B	C	D	E	F	G
1	频率	颜色	结果				
2	3.11	蓝	绿				
3	4.59	绿	绿				
4	5.23	黄					
5	5.89	橙					
6	6.71	红					
7							

图 4.2.22

当改变查找值，如“=LOOKUP(5,A2:A6,B2:B6)”，表示在列 A 中查找频率为 5.00，与接近它的最小值 4.59 匹配，返回列 B 中的同一行内的值，结果为绿色。

若公式改为“=LOOKUP(0,A2:A6,B2:B6)”，表示在列 A 中查找频率为 0，因为 0 小于 A2:A7 区域中的最小值，所以返回错误#N/A。

（2）数组形式：公式= LOOKUP(lookup_value,array)

参数说明：array——包含文本、数字或逻辑值的单元格区域或数组，它的值用于与 lookup_value 进行比较。在单行区域或单列区域中查找值，然后返回第二个单行区域或单列区域中相同位置的值。

例如，“LOOKUP(5.2,{4.2,5,7,9,10})=5”指的是在数组第一行中查找“5.2”，查找小于或等于它的最大值是 5。

注意：数组中的值必须按升序顺序排列。例如，−2、−1、0、1、2 或 A～Z 或 FALSE、TRUE。否则，LOOKUP 返回的值可能不正确。文本不区分大小写。

实操练习

根据“项目四\任务二\实操练习素材”提供的数据，为绿苹果科技公司制作一份工资明细表，其具体要求如下。

（1）明细条目：包括员工编号、姓名、各项补助金额、应发合计、各项扣除金额等，具体可参考“实操练习素材”中所列条目。

（2）计算各项补助金额的参考标准："交通补贴"经理每月为 200 元，职员为 100 元；"通讯补助"经理为 250 元，职员为 150 元；"日常加班补助"每人每天 130 元；"节日加班补助"每人每天 260 元。

（3）计算各项扣除金额的参考标准："缺勤扣除"每人缺勤 1 天扣除 150 元；三险一金是按照"应发金额合计"的一定比例扣除的，"养老保险"扣除应发合计的 8%、"医疗保险"扣除应发合计的 2%、"失业保险"扣除应发合计的 1%、"住房公积金"扣除应发合计的 8%。

▍任务考核

根据你所在的班级的费用收支情况，利用所学知识，制作一份"班费收支明细表"，其中包含两个工作表——收入表和支出表，并进行美化处理。

任务三　银行发放表（Excel）

▍任务描述

工资明细表出来后，就需要及时给员工发放工资。如今的工资发放，一般通过银行代发。一般流程：①公司和银行签订代发工资协议，每位员工在银行开设固定的银行卡。②每月财务人员将核算后的含有员工姓名、工资和银行卡号等的工作表提供给银行，写明转账的账号和金额。③银行根据该工作表发放工资。

▍任务目标

知识目标：掌握 Excel 2010 中 VLOOKUP 等函数的使用；掌握不同工作表之间的数据引用；学会用艺术字美化表格。

能力目标：培养学生解读公司财务管理制度的能力，掌握使用 Excel 2010 设计公司的工资发放表。

情感目标：了解公司财务中的工资发放流程，培养不同企业之间的沟通协调能力。

▍任务分析

本次任务主要目的是为了给银行提供一份清晰明了的发放清单，主要包含的信息应为员工的姓名、应发工资和发放的银行卡号。这些信息和计算结果在任务一和任务二的工作过程中已经完成。在这里需要查找之前设计好的表格，将正确的结果调入到本次任务中。本任务主要采用编辑数据引用的公式和 VLOOKUP 函数来实现。查找需要依据关键字"员工编号"作为参照。另外为了美化工作表，可采用艺术字的方式美化表格标题。

▍任务效果

本任务设计的银行发放表如图 4.3.1 所示，见"项目四\任务三\银行发放表"。

项目四 公司薪资管理 /121

海拓公司工资银行发放表			
员工编号	姓名	工资	银行卡号
H001	钟一鸣	4717.06	6212843172450218993
H002	李明亮	4072.79	6212843172450219009
H003	苏展旭	3801.57	6212843172450219017
H004	林伟郴	3907.79	6212843172450219025
H005	刘志鸿	7052.45	6212843172450219033
H006	何家宇	6389.06	6212843172450219041
H007	许国海	5637.92	6212843172450214711
H008	黄健乔	5856.89	6212843172450214729
H009	肖 舒	6308.87	6212843172450214737
H010	刘先银	5423.00	6212843172450214745
H011	卢佳怡	5266.40	6212843172450214760
H012	黄月珠	4882.06	6212843172450214778
H013	郑汇国	4429.84	6212843172450214786
H014	陈思廷	4575.63	6212843172450214794
H015	黄雁威	4952.77	6212843172450214802
H016	陈桂伟	4222.07	6212843172450214919
H017	刘运浩	4131.57	6212843172450214927
H018	何雪枫	3860.65	6212843172450210345
	制表日期	2013-09-03	

图 4.3.1

工作过程

任务一中的员工基本信息表和任务二中的工资明细表，是本次任务的工作基础资料。

1. 新建工作簿文件

新建工作簿文件，命名为"银行发放表"。打开"项目四\任务二\海拓公司工资明细表"，将"员工基本信息表"和"工资明细表"两个工作表复制到"银行发放表"中，并更改 Sheet3 工作表的标签名为"银行发放表"。右击"银行发放表"工作表标签，在弹出的快捷菜单中选择"工作表标签颜色"，选择"水绿色，强调文字颜色为 5"作为标签的颜色，如图 4.3.2 所示。

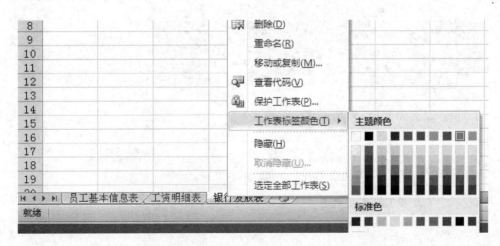

图 4.3.2

2．录入表格标题字段

在 B2:D2 的区域中，输入"员工编号、姓名、工资、银行卡号"的表格标题字段，设置字体大小为 11，字形加粗，居中对齐，并适当调整列宽。

3．用艺术字美化标题

（1）合并单元格 A:D，并设置该行行高为 34。

（2）选中合并后的单元格，单击"插入"选项卡的"艺术字"按钮，在弹出的下拉选项中，选择"填充-蓝色，强调文字颜色为 1，内部阴影，强调文字颜色为 1"，如图 4.3.3 所示。

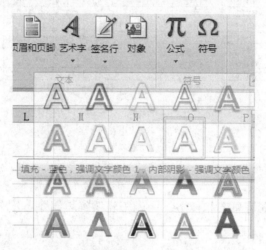

图 4.3.3

（3）弹出如图 4.3.4 所示的文本框，输入"海拓公司工资银行发放表"，选中文字，设置字号为 18。选中艺术字，拖动到单元格 A1 中，适当调整位置，得到如图 4.3.5 所示的效果。

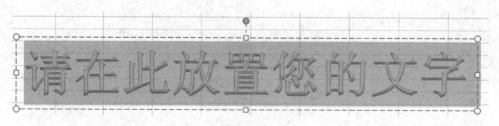

图 4.3.4

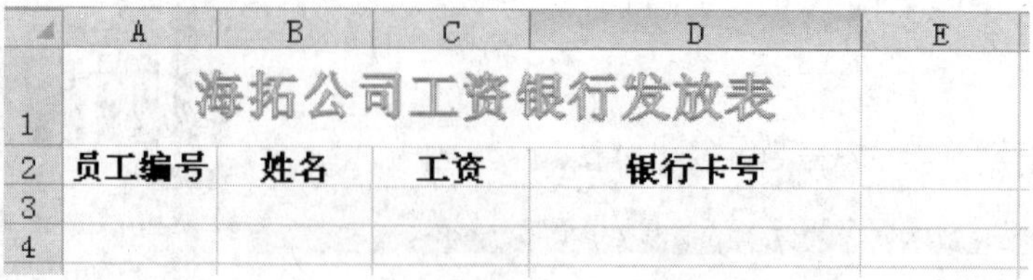

图 4.3.5

4．不同工作表数据之间的调用

（1）选中"银行发放表"中的单元格 A3，在公式编辑栏中输入"="，如图 4.3.6 所示。单击"员工基本信息表"工作表标签，单击该工作表中的 A3 单元格，如图 4.3.7 所示。

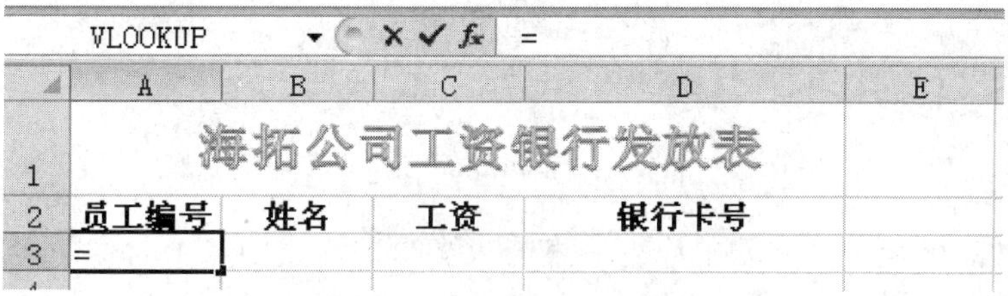

图 4.3.6

图 4.3.7

（2）确定后，完成第 1 个员工编号的数据引用，公式为"=员工基本信息表!A3"。拖曳填充柄至单元格 A20，即可将所有员工的编号引用到"银行发放表"，如图 4.3.8 所示。

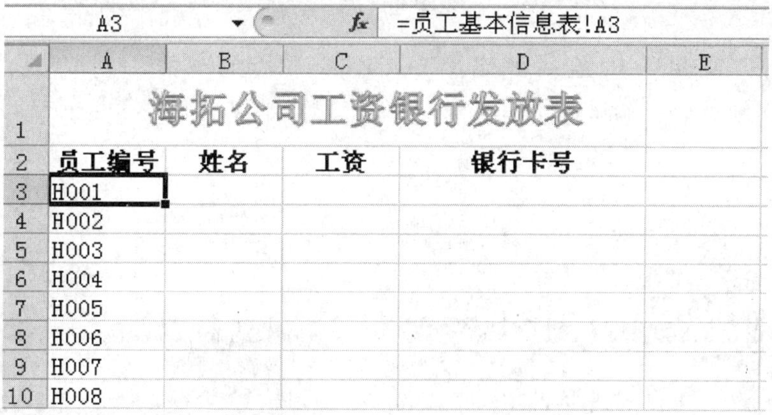

图 4.3.8

（3）采用同样的方法可以调用"姓名"列的数据，公式为"=员工基本信息表!B3"。
（4）设置"工资"列的单元格格式为"数值"，保留两位小数。采用前面相同的方法，从"工资明细表"中将"实发合计"的数据调用到"工资"列中，如图 4.3.9 所示。

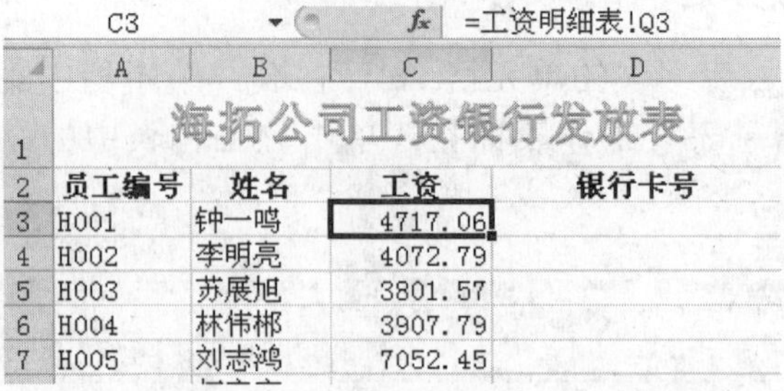

图 4.3.9

（5）设置"银行卡号"列的单元格格式为"文本"格式。选中 D3 单元格，单击"插入函数"按钮，弹出如图 4.3.10 所示的"插入函数"对话框，插入 VLOOKUP 函数。

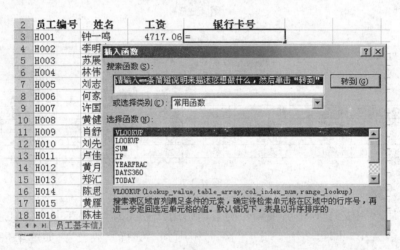

图 4.3.10

（6）单击"确定"按钮后弹出 VLOOKUP"函数参数"对话框，光标定位在 Look_value 的文本框中，用鼠标单击"银行发放表"工作表中的 A3 单元格，如图 4.3.11 所示。

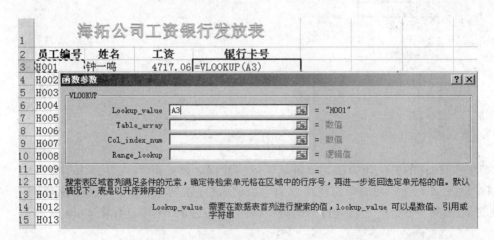

图 4.3.11

（7）将光标定位在 Table_array 的文本框中，单击"员工基本信息表"，用鼠标拖曳选择列标 A:E，由于第 1 行有合并单元格，不能用鼠标精确选中 A:E，所以需要在文本框中输入 A:E，如图 4.3.12 所示。

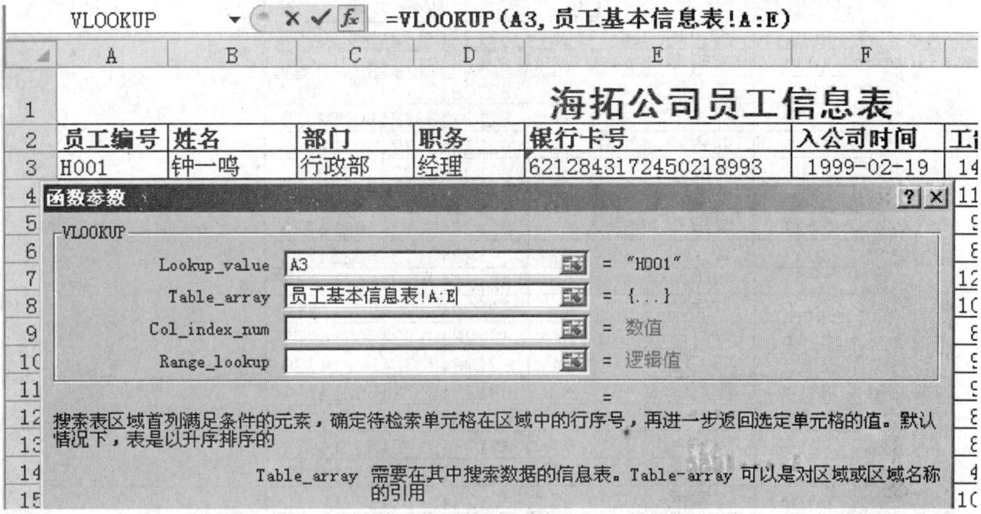

图 4.3.12

（8）在 Col_index_num 中输入数字 5，表示需要返回的列在员工基本信息表的 A:E 中，位于第 5 列。在 Range_lookup 中输入 0，表示精确匹配查找，如图 4.3.13 所示。

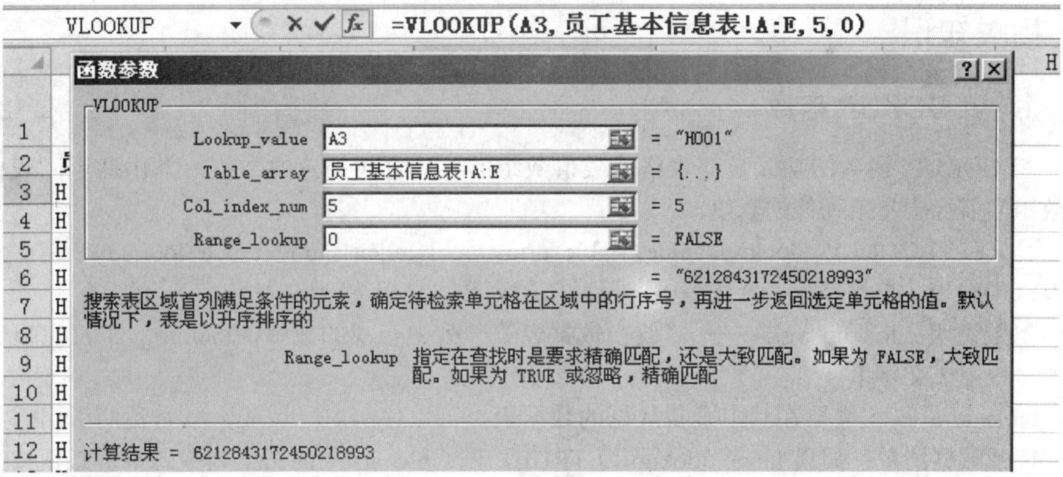

图 4.3.13

（9）单击"确定"按钮后即可得到第一个员工的银行卡号，拖曳填充柄复制函数，可以得到所有员工的银行卡号记录。添加制表日期和表格边框，适当调整表格，得到如图 4.3.14 所示的银行发放表。

	A	B	C	D
1	海拓公司工资银行发放表			
2	员工编号	姓名	工资	银行卡号
3	H001	钟一鸣	4717.06	6212843172450218993
4	H002	李明亮	4072.79	6212843172450219009
5	H003	苏展旭	3801.57	6212843172450219017
6	H004	林伟郴	3907.79	6212843172450219025
7	H005	刘志鸿	7052.45	6212843172450219033
8	H006	何家宇	6389.06	6212843172450219041
9	H007	许国海	5637.92	6212843172450214711
10	H008	黄健乔	5856.89	6212843172450214729
11	H009	肖 舒	6308.87	6212843172450214737
12	H010	刘先银	5423.00	6212843172450214745
13	H011	卢佳怡	5266.40	6212843172450214760
14	H012	黄月珠	4882.06	6212843172450214778
15	H013	郑汇国	4429.84	6212843172450214786
16	H014	陈思廷	4575.63	6212843172450214794
17	H015	黄雁威	4952.77	6212843172450214802
18	H016	陈桂伟	4222.07	6212843172450214919
19	H017	刘运浩	4131.57	6212843172450214927
20	H018	何雪枫	3860.65	6212843172450210345
21				
22			制表日期	2013-09-03

单元格D4：=VLOOKUP(A4,员工基本信息表!A:E,5,0)

图 4.3.14

至此，任务三结束。

相关知识

1. VLOOKUP 函数

VLOOKUP 函数的功能是在表格或数值数组的首列查找指定的数值，并由此返回表格或数组当前行中指定列处的数值。

公式：VLOOKUP（lookup_value，table_array，col_index_num，range_lookup）

即 VLOOKUP（查找目标，查找范围，返回值的列数，精确/模糊查找）

参数说明：lookup_value——需要在数据表第一列中查找的数值，lookup_value 可以为数值、引用或文字串。

table_array——需要在其中查找数据的数据表，可以使用对区域或区域名称的引用，如数据库或数据清单；如果 range_lookup 为 TRUE，则 table_array 的第一列中的数值必须按升序排列，否则函数 VLOOKUP 不能返回正确的数值，如果 range_lookup 为 FALSE，table_array 不必进行排序。table_array 的第一列中的数值可以为文本、数字或逻辑值，且不区分文本的大小写。

col_index_num——table_array 中待返回的匹配值的列序号；col_index_num 为 1 时，返回 table_array 第一列中的数值；col_index_num 为 2 时，返回 Table_array 第二列中的数值，以此类推。如果 col_index_num 小于 1，函数 VLOOKUP 返回错误值#VALUE!；如果 col_index_num 大于 table_array 的列数，函数 VLOOKUP 返回错误值#REF!。

range_lookup——逻辑值，指明函数 VLOOKUP 返回时是精确匹配还是近似匹配。如果其为 TRUE 或省略，则返回近似匹配值，也就是说，如果找不到精确匹配值，则返回小于 lookup_value 的最大数值；如果 range_value 为 FALSE，函数 VLOOKUP 将返回精确匹配值。如果找不到，则返回错误值#N/A。

【例2】如图 4.3.15 所示，要求根据表二中的姓名，查找姓名所对应的年龄。

	A	B	C	D
1	表一：			
2	员工编号	姓名	性别	年龄
3	H001	钟一鸣	男	42
4	H002	李明亮	男	40
5	H003	苏展旭	男	30
6	H004	林伟郴	男	26
7	H005	刘志鸿	女	35
8	H006	何家宇	男	32
9	H007	许国海	男	30
10	H008	黄健乔	女	29
11				
12				
13	表二：			
14	姓名	年龄		
15	苏展旭	30		
16	黄健乔	29		

B15 =VLOOKUP(A15,$B$2:$D$10,3,0)

图 4.3.15

1）查找目标

目标是指定的查找内容或单元格引用。本例中，表二 A 列的姓名就是查找目标，要根据表二的"姓名"在表一 A 列中进行查找。

公式：B15 =VLOOKUP(A15,$B$2:$D$10,3,0)

2）查找范围——VLOOKUP(A15,$B$2:$D$10,3,0)

指定了查找目标，如果没有说从哪里查找，Excel 肯定会很为难。所以下一步就要指定从哪个范围中进行查找。VLOOKUP 的第二个参数可以从一个单元格区域中查找，也可以从一个常量数组或内存数组中查找。本例中要从表一中进行查找，那么范围要怎么指定呢？这里也是极易出错的地方。注意，给定的第二个参数查找范围要符合以下条件才不会出错。

（1）查找目标一定要在该区域的第一列。本例中查找表二的姓名，那么姓名所对应的表一的姓名列一定要是查找区域的第一列。本例中给定的区域要从第二列开始，即$B$2:$D$10，而不能是$A$2:$D$10。因为查找的"姓名"不在$A$2:$D$10 区域的第一列。

（2）该区域中一定要包含要返回值所在的列，本例中要返回的值是年龄。年龄列（表一的 D 列）一定要包括在这个范围内，即：$B$2:$D$10，如果写成$B$2:$C$8 就是错的。

3）返回值的列数——B15 =VLOOKUP(A15,$B$2:$D$10,3,0)

这是 VLOOKUP 第 3 个参数。它是一个整数值。它怎么得来的呢。它是"返回值"在第二个参数给定的区域中的列数。本例中我们要返回的是"年龄",它是第二个参数查找范围$B$2:$D$10 的第 3 列。这里一定要注意,列数不是在工作表中的列数（不是第 4 列）,而是在查找范围区域的第几列。如果本例中要查找姓名所对应的性别,第 3 个参数的值应该设置为多少?答案是 2。因为性别在$B$2:$D$10 的第 2 列中。

4）精确/模糊查找——VLOOKUP(A15,$B$2:$D$10,3,0)

最后一个参数是决定函数精确/模糊查找的关键。精确即完全一样,模糊即包含的意思。第 4 个参数如果指定值是 0 或 FALSE 就表示精确查找,而值为 1 或 TRUE 时则表示模糊。在使用 VLOOKUP 时千万不要把这个参数给漏掉了,如果缺少这个参数则默认值为模糊查找,就无法精确查找到结果了。

实操练习

根据"项目四\任务三\实操练习素材"提供的绿苹果科技公司员工基本信息表和员工工资明细表,按照本任务讲述的工作过程,制作绿苹果科技公司的员工工资银行发放表。

要求:
（1）对银行发放表的标题使用艺术字进行美化。
（2）使用 VLOOKUP 函数进行查找调用员工的"实发工资"和"银行账号"。

任务考核

根据任务一的任务考核得到的班级学生基本信息表,制作一份班级同学通讯录,包含学生学号、姓名、电话、QQ、通信地址等信息。

任务四 制作工资条（Excel）

任务描述

工资条是员工所在单位定期给员工发放工资的凭证。工资条应该是企业发给员工本月工资的明细,是员工清楚了解自己收入的一种较好形式。工资条对员工来说,就是自己的工资明细。但如果将工资明细表直接发给每个员工,就会暴露所有员工的数据,无法保证员工的隐私,所以需要将每位员工的工资项目和数据项目对应,并且相邻的员工的数据之间要有空行隔开,方便裁剪和发放。

任务目标

知识目标：掌握 Excel 中 VLOOKUP、column 等函数的使用。

能力目标：熟悉和了解公司财务流程,掌握使用 Excel 2010 制作设计公司的员工工资条。

情感目标：了解公司的财务中工资发放流程,培养网络信息安全意识。

任务分析

本次工作任务,需要借助任务二的工资明细表,生成工资条。通过前面工作任务的学习,晓欣已经熟悉了 VLOOKUP 函数。本次任务可以借助这个函数和自动填充功能,来制作公司员工的工资条。

任务效果

本任务设计的工资条如图 4.4.1 所示,见"项目四\任务四\海拓公司员工工资条"。

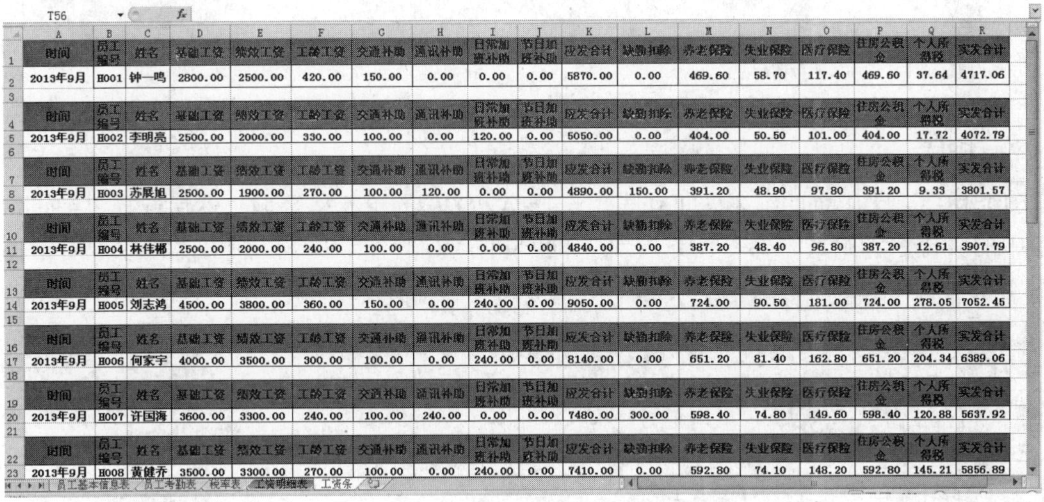

图 4.4.1

工作过程

1. 创建文件

复制任务二中的海拓公司工资明细表,更改文件名为"海拓公司员工工资条"。在该工作簿文件中插入新的工作表,命名为"工资条"。

2. 录入时间

在"工资条"工作表的 A1 单元格中,录入"时间"。

3. 粘贴数据

复制"工资明细表"工作表中的 A2:Q2 区域,粘贴到"工资条"工作表的 B1:R1 区域。单击"粘贴选项"的下三角按钮,从下拉列表中选择如图 4.4.2 所示的图标,目的是将公式的结果转化为普通的文本数据。

4. 输入时间和编号

在 A2 和 B2 单元格中,分别输入"2013 年 9 月"和"H001",并适当调整格式,设置字形加粗和字体居中对齐。

图 4.4.2

5. 排序

(1)切换到"工资明细表"工作表,选择 A2:Q20 的单元格区域,然后选择"编辑"选项卡中的"排序和筛选"命令,选择其中的"自定义排序"命令,弹出"排序"对话框,如图 4.4.3 所示。

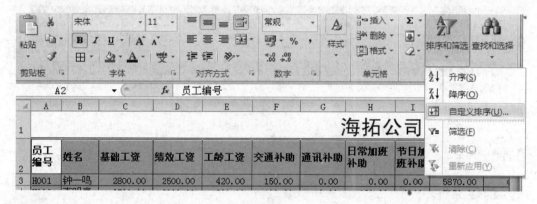

图 4.4.3

(2)在"排序"对话框中,设置主要关键字为"员工编号",次序为"升序",如图 4.4.4 所示。单击"确定"按钮后即可对工资明细表中的数据按员工编号进行升序排序。

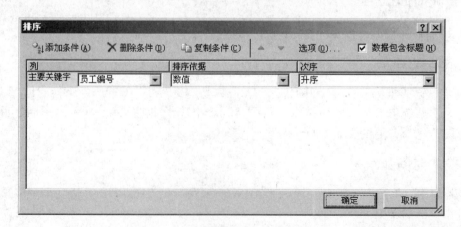

图 4.4.4

6. 获取员工姓名

（1）切换到"工资条"工作表，将光标定位到 C2 单元格，单击"插入函数"按钮，选择 VLOOKUP 函数，弹出"函数参数"设置框。

（2）将光标定位在 Look_value 的文本框中，单击"工资条"工作表中的 B2 单元格；光标定位在 Table_array 的文本框中，鼠标切换到"工资明细表"工作表中，选择 A2:Q20 的单元格区域，并按 F4 快捷键，转换为绝对引用；光标定位在 Col_index_num 中，输入数字 2，表示需要返回的列在工资明细表的 A2:Q20 中，位于第 25 列。在 Range_lookup 中输入 0，表示精确匹配查找，如图 4.4.5 所示。

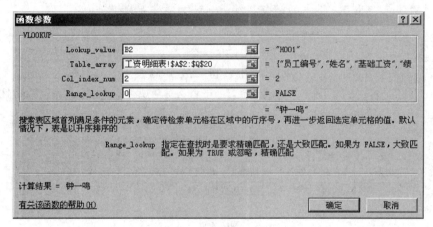

图 4.4.5

（3）单击"确定"按钮后，即可得到编号为 H001 的员工的姓名，如图 4.4.6 所示，公式为"=VLOOKUP(B2,工资明细表!$A$2:$Q$20,2,0)"。

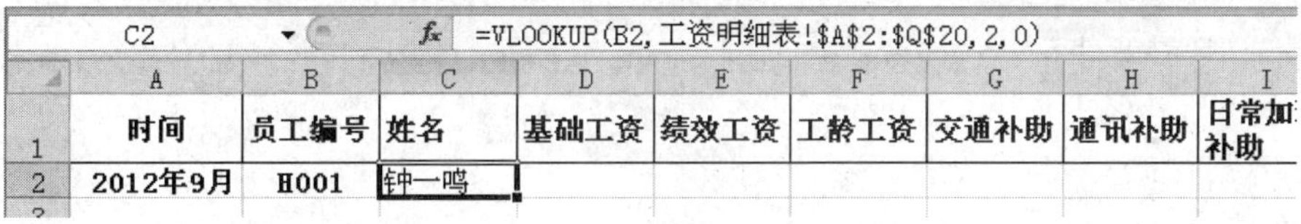

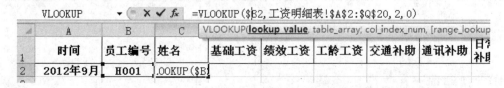

图 4.4.6

7. 复制函数

为了得到员工钟一鸣的工资的其他明细信息，可以复制函数，但必须保持查找的参考值为员工编号"H001"不变，所以需要修改函数的参数，在 B 前面加上绝对符号"$"，如图 4.4.7 所示。复制函数，得到如图 4.4.8 所示的结果。

图 4.4.7

C2 =VLOOKUP($B2,工资明细表!$A$2:$Q$20,2,0)

	A	B	C	D	E	F	G	H	I	节
1	时间	员工编号	姓名	基础工资	绩效工资	工龄工资	交通补助	通讯补助	日常加班补助	节补
2	2012年9月	H001	钟一鸣	钟一鸣	钟一鸣	钟一鸣	钟一鸣	钟一鸣	钟一鸣	钟
3										

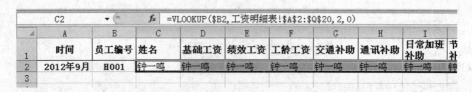

图 4.4.8

小提示

从图 4.4.8 中可以看出，所有的结果均为姓名“钟一鸣”。原因是什么呢？原来参数中，返回列的值始终为 2，所以返回查找结果始终为员工的姓名。

8. 修改参数

（1）选中 D2 单元格，在公式编辑栏中，将参数 2 修改为 3，表示这列返回的是查找区域中排列第 3 列的值，为员工的“基础工资”。如图 4.4.9 所示，单击“确定”按钮后即可得到编号为 H001 的员工的基础工资。

VLOOKUP =VLOOKUP($B2,工资明细表!$A$2:$Q$20,3,0)

VLOOKUP(lookup_value, table_array, **col_index_num**, [range_lookup])

	A	B	C	D	E	F	G	H	日常加
1	时间	员工编号	姓名	基础工资	绩效工资	工龄工资	交通补助	通讯补助	日常加补助
2	2012年9月	H001	钟一鸣	$Q$20,3,(	钟一鸣	钟一鸣	钟一鸣	钟一鸣	钟一鸣
3									

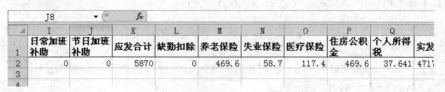

图 4.4.9

（2）依次选择 F2～R2，分别修改参数为 4～17，即可得到如图 4.4.10 所示的员工 H001 的所有工资明细信息。

J8

	I	J	K	L	M	N	O	P	Q	实发
1	日常加班补助	节日加班补助	应发合计	缺勤扣除	养老保险	失业保险	医疗保险	住房公积金	个人所得税	实发
2	0	0	5870	0	469.6	58.7	117.4	469.6	37.641	4717
3										
4										

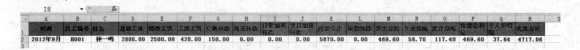

图 4.4.10

9. 设置格式

设置标题行单元格填充颜色为“绿色”，设置所有数据“居中对齐”，字形加粗；设置 D2:R2 单元格区域格式为“数值”，保留两位小数，如图 4.4.11 所示。

I8

	A	B	C	D	E	F	G	H	I	J	K	L	M	N	O	P	Q	R
1	时间	员工编号	姓名	基础工资	绩效工资	工龄工资	交通补助	通讯补助	日常加班补助	节日加班补助	应发合计	缺勤扣除	养老保险	失业保险	医疗保险	住房公积金	个人所得税	实发合计
2	2012年9月	H001	钟一鸣	2800.00	2500.00	420.00	150.00	0.00	0.00	0.00	5870.00	0.00	469.60	58.70	117.40	469.60	37.64	4717.06
3																		

图 4.4.11

10. 自动填充，生成工资条

选择 A1:R3 单元格区域，用鼠标拖动右下角的自动填充柄，向下拖曳，即可得到其他员工的工资条，如图 4.4.12 所示。

A1　fx 时间

	A	B	C	D	E	F	G	H	I	J	K	L	M	N	O	P	Q	R
1	时间	员工编号	姓名	岗位工资	绩效工资	工龄工资	交通补助	通讯补助	日常加班补助	节日加班补助	应发合计	考勤扣除	养老保险	失业保险	医疗保险	住房公积金	个人所得税	实发合计
2	2012年9月	H001	钟一鸣	2800.00	2500.00	420.00	150.00	0.00	0.00	0.00	5870.00	0.00	469.60	58.70	117.40	469.60	37.64	4717.06
3																		
4																		

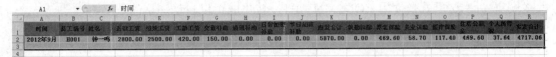

图 4.4.12

> **小提示**
>
> 在拖曳填充柄时，一定要一次复制完所有的数据，如果只复制一部分，再次拖动就会发生错误，结果会重复前面的内容，得不到需要的结果。如果复制的行数超过了员工数，删除掉不需要的行即可。

相关知识

1．VLOOKUP 多行查找时复制公式的问题

VLOOKUP 函数的第三个参数是查找返回值所在的列数，如果我们需要查找返回多列时，这个列数值需要一个个更改，例如，返回第 2 列的，参数设置为 2，如果需要返回第 3 列的，就需要把值改为 3。如果有十几列会很麻烦的。那么能不能让第 3 个参数自动变呢？向后复制时自动变为 2，3，4，5，…

在 Excel 中有一个函数 COLUMN，它可以返回指定单元格的列数，例如：

=COLUMN（A1）　返回值 1

=COLUMN（B1）　返回值 2

而单元格引用复制时会自动发生变化，即 A1 随公式向右复制时会变成 B1，C1，D1，…这样我们用 COLUMN 函数就可以转换成数字 1，2，3，4，…

【例 3】 在图 4.4.13 中同时查找性别、年龄、身高、体重。

B15　fx =VLOOKUP($A15,$B$2:$F$10,COLUMN(B1),0)

	A	B	C	D	E	F	G
1	表一:						
2	员工编号	姓名	性别	年龄	身高cm	体重kg	
3	H001	钟一鸣	男	42	175	78	
4	H002	李明亮	男	40	170	70	
5	H003	苏展旭	男	30	178	78	
6	H004	林伟郴	男	26	169	67	
7	H005	刘志鸿	女	35	165	57	
8	H006	何家宇	男	32	180	80	
9	H007	许国海	男	30	176	70	
10	H008	黄健乔	女	29	160	55	
11							
12							
13	表二:						
14	姓名	性别	年龄	身高	体重		
15	苏展旭	男	30	178	78		
16	黄健乔	女	29	160	55		
17							

图 4.4.13

公式：=VLOOKUP($A15,$B$2:$F$10,COLUMN(B1),0)

公式说明：这里就是使用 COLUMN（B1）转化成可以自动递增的数字。

2. 探讨

步骤 7 修改参数耗时耗力，可以借助 COLUMN 函数，对步骤进行优化，如图 4.4.14 所示。在这里，我们可以嵌套 COLUMN 函数，返回 B2 所在的列，这样就不需要人工更改参数值了，效率将大大增加。

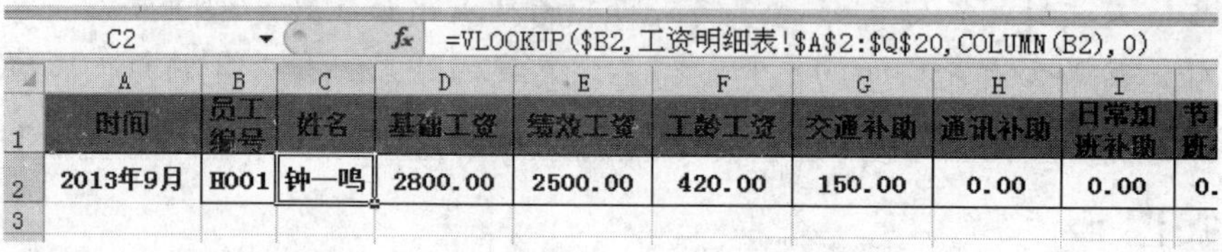

	A	B	C	D	E	F	G	H	I
1	时间	员工编号	姓名	基础工资	绩效工资	工龄工资	交通补助	通讯补助	日常加班补助
2	2013年9月	H001	钟一鸣	2800.00	2500.00	420.00	150.00	0.00	0.00
3									

图 4.4.14

实操练习

根据“项目四\任务四\实操练习素材”提供的绿苹果科技公司的员工工资明细表，制作一份员工工资条。

任务考核

根据项目四任务一中任务考核制作的班级同学基本信息表，为每个同学生成个人信息条。

任务五　员工收入证明（Word、Excel）

任务描述

公司的研发部经理刘志鸿最近有购房置业的的计划，按照银行《个人贷款管理办法》规定：“贷款人要有稳定的职业和收入，信用良好，有按期偿还贷款本息的能力。”并要求贷款人开具合法的、银行认可的且最近两年稳定的经济收入证明。为此，他找到了财务部的晓欣，希望晓欣能为其开一份个人收入证明。同时陆续有其他员工有购车、置业等计划，晓欣思考，有什么方法能够快捷而方便地为员工开收入证明呢？

任务目标

知识目标：掌握 Word 2010 中字体、格式、页面设置等功能；学会使用邮件合并功能。

能力目标：培养学生制作规范证明的能力，培养学生利用邮件合并，批量制作文档的能力。

情感目标：了解银行现行贷款流程和手续，提升文学写作素养。

▌任务分析

本次任务中，晓欣首先需要查看项目四任务一员工基本信息表和项目四任务二工资明细表的数据，按照规范的公文格式，制作一份内容和格式都符合要求的证明。为了快捷地制作多份收入证明，晓欣结合查阅的资料，决定采取邮件合并的方式来处理。因此，需要根据前面任务中的数据，制作一份数据源和模板文档。

▌任务效果

本任务设计的员工收入证明如图 4.5.1 所示，见"项目四\任务五\海拓公司个人收入证明\最终效果"。

个人薪金收入证明

中国工商银行惠州江北支行：

　　兹证明 <u>刘志鸿</u> 身份证号码 <u>6212843172450214737</u> 居住地址 <u>广东省惠州市惠城区麦地东路10号泰濠新村B1206</u>，自 <u>2001</u> 年 <u>5</u> 月至今在我单位工作，任 <u>研发部经理</u> 职务。目前最高学历为 <u>本科</u>，近一年内该职工月均收入（税后）为人民币（大写） <u>柒仟</u> 元整。

　　本单位承诺提供的以上情况真实，如因上述情况与事实不符而导致贵行经济损失，愿承担相应责任。

　　特此证明！

单位地址：
联系人：
联系电话：
单位公章：
单位或部门责任人签名：
年　月　日

图 4.5.1

▌工作过程

在项目四任务一中的员工基本信息表和项目四任务二中的工资明细表，是本次任务的工作基础资料。

1. 新建文档

新建 Word 文档，命名为"个人薪金收入证明.docx"。在该文档中录入如图 4.5.2 所示的收入证明文字材料。员工的基本信息和收入情况参考项目四任务一和任务二中的数据，基础信息部分设置"字体"格式为"下画线"。

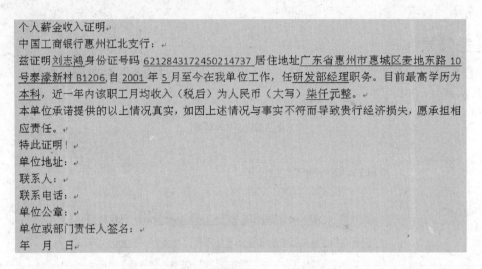

图 4.5.2

2. 设置文档格式

（1）设置该文档的纸张大小为 A4，设置页边距为普通型，分别如图 4.5.3 和图 4.5.4 所示。

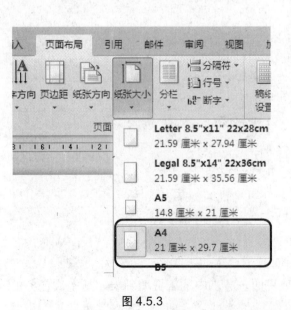

图 4.5.3　　　　　　　　　　　图 4.5.4

（2）选中该文档的标题"个人薪金收入证明"，设置字号为"小三"、字形加粗且"居中对齐"。设置正文部分字号为"四号"，设置"特此证明"这几个字的字号为"三号"。如图 4.5.5 所示。将正文第一行"中国工商银行惠州江北支行："几个字设置为字形加粗。

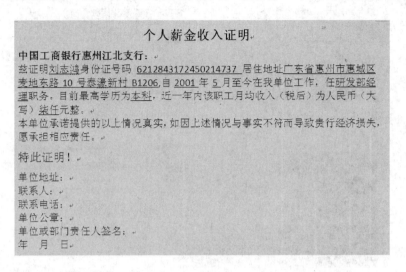

图 4.5.5

（3）设置段落格式：选中第 2、3、4 段文字，设置段落的特殊格式为首行缩进 2 字符，如图 4.5.6 所示。

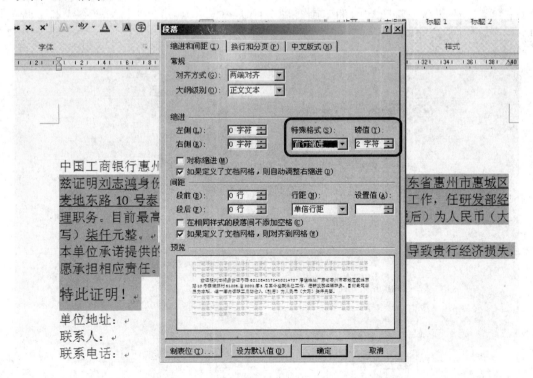

图 4.5.6

（4）将最后一行"年 月 日"段落的特殊格式设置为"右对齐"。选中如图 4.5.7 所示的文字，单击"段落"中的 ≡（增加缩进量）按钮，对文字进行缩进，调整到如图 4.5.1 所示的位置。

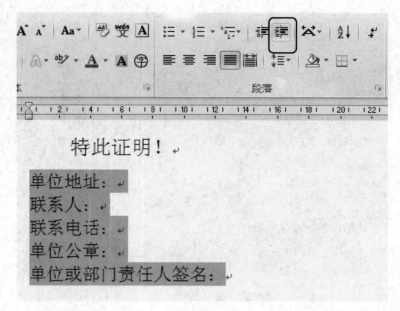

图 4.5.7

（5）按图 4.5.1 所示的效果，适当增加空行。一份员工的收入证明就制作完成了。

（6）复制该文档，删除其中的下画线部分的内容，并更改文件名为"个人薪金收入证明模板.docx"，如图 4.5.8 所示。

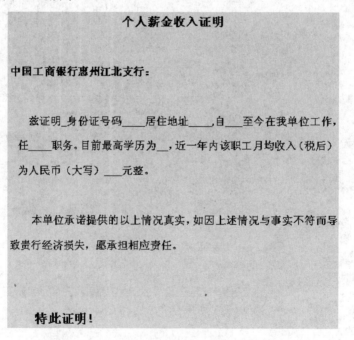

图 4.5.8

（7）在 Excel 中，根据项目四任务一和二的参考数据，制作一份名为"个人薪金收入证明数据源.xlsx"的工作簿文档，效果如图 4.5.9 所示。

	A	B	C	D	E	F	G	H	I
1	姓名	身份证号		家庭地址	入职时间	部门	职务	学历	收入
2	钟一鸣	441302197609170036		广东省惠州市惠城区后所街22号	1999年2月	行政部	经理	本科	肆仟柒佰
3	李明亮	441302198106153019		广东省惠州市惠阳区淡水镇尧岭坝尾街	2001年12月	行政部	职员	大专	肆仟
4	苏展旭	440301198211148017		广东省惠州市惠城区朱紫巷50号	2003年11月	行政部	职员	本科	叁仟捌佰
5	林伟郴	441381198503246939		广东省惠州市惠城区花边岭公安新苑	2005年7月	行政部	职员	本科	叁仟玖佰
6	刘志鸿	239005197902010214		广东省惠州市惠城区小金镇金源路25号	2001年5月	研发部	经理	本科	柒仟
7	何家宇	500103198005172115		广东省惠州市惠城区江北江畔花园	2003年2月	研发部	职员	硕士	肆仟叁佰
8	许国海	441302198209270013		广东省惠州市惠城区气象局宿舍五栋	2005年3月	研发部	职员	本科	伍仟陆佰
9	黄健乔	441302198105076216		广东省惠州市大亚湾石屋村	2004年5月	研发部	职员	本科	伍仟
10	肖舒	441302198102035413		广东省惠州市惠城区淡水镇金丽楼	2003年10月	销售部	经理	本科	陆仟叁佰
11	刘先锟	441381198303093363X		广东省惠州市大亚湾华冥混凝土公司	2005年4月	销售部	职员	本科	伍仟肆佰
12	卢佳怡	445381198405215416		广东省惠州市惠城区上排红花湖路28号	2005年3月	销售部	职员	大专	伍仟贰佰
13	黄月珠	441323198708302035		广东省惠州市惠城区河南岸石湖苑6栋	2009年6月	销售部	职员	本科	肆仟捌佰
14	郑汇国	441302198102225433		广东省惠州市惠城区江北嘉和苑C区	2003年2月	销售部	职员	本科	肆仟捌佰
15	陈思廷	513021197906231679		广东省惠州市惠城区花边岭33号	2002年4月	销售部	职员	本科	肆仟伍佰
16	黄雁威	441423197909101433		广东省惠州市惠城区下角店乐苑万福楼	2002年10月	人事部	经理	本科	伍仟玖佰
17	陈桂伟	440982198006051633		广东省惠州市惠城区怡康花园怡瑞阁	2003年2月	人事部	职员	本科	肆仟贰佰
18	刘运浩	441323197709101433		广东省惠州市惠城区马安镇供电所	1999年12月	人事部	职员	大专	肆仟壹佰
19	何雪枫	441226198311220037		广东省惠州市惠阳区新圩镇塘吓	2006年10月	人事部	职员	本科	叁仟捌佰

图 4.5.9

（8）打开"个人薪金收入证明模板.docx"，选择"邮件"选项卡中的"开始邮件合并"命令，选择"普通 Word 文档"，如图 4.5.10 所示。

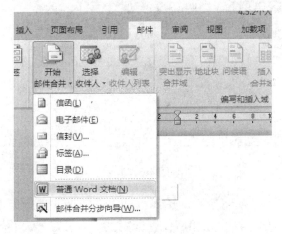

图 4.5.10

（9）单击"选择收件人"按钮，选择"使用现有列表"命令，如图 4.5.11 所示，弹出"选取数据源"对话框，找到制作好的"个人薪金收入证明数据源.xlsx"，如图 4.5.12 所示。打开该数据源后，弹出如图 4.5.13 所示的"选择表格"对话框，选取 Sheet1 即可。

图 4.5.11

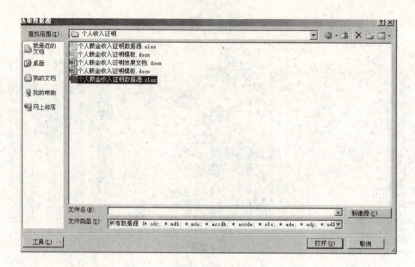

图 4.5.12

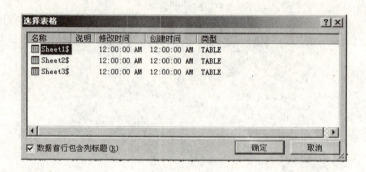

图 4.5.13

（10）将光标定位在"兹证明"后，选择"插入合并域"选项组中的"姓名"选项，如图 4.5.14 所示，按照同样的方法，在相应位置分别插入合并域"身份证号、家庭地址、入职时间、部门、职位、学历、收入"，效果如图 4.5.15 所示。

图 4.5.14

中国工商银行惠州江北支行：

兹证明《姓名》身份证号码 《身份证号》 居住地址 《家庭地址》，自 《入职时间》 至今在我单位工作，任 《部门》《职务》 职务。目前最高学历为 《学历》，近一年内该职工月均收入（税后）为人民币（大写） 《收入》 元整。

图 4.5.15

（11）单击"完成并合并"选项组中的"编辑单个文档"按钮，如图 4.5.16 所示，弹出"合并到新文档"对话框，如图 4.5.17 所示，选择"全部"命令，单击"确定"按钮后即可生成如图 4.5.18 所示的效果文档。

图 4.5.16

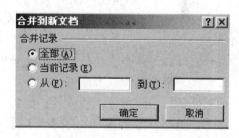

图 4.5.17

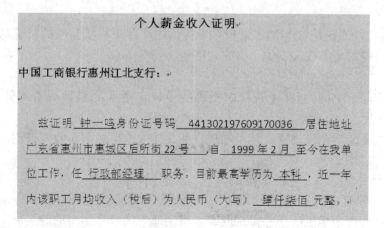

图 4.5.18

（12）将新生成的文档保存，文件名为"所有员工薪金收入证明.docx"，至此，该任务完成。

相关知识

1. 邮件合并

在 Office 中,先建立两个文档:一个 Word 包括所有文件共有内容的主文档(如未填写的信封等)和一个包括变化信息的数据源 Excel(填写的收件人、发件人、邮编等),然后使用邮件合并功能在主文档中插入变化的信息,合成后的文件用户可以保存为 Word 文档,可以打印出来,也可以以邮件的形式发出去。

2. 邮件合并的应用领域

(1)批量打印信封:按统一的格式,将电子表格中的邮编、收件人地址和收件人打印出来。

(2)批量打印信件:从电子表格中调用收件人,换一下称呼,信件内容基本固定不变。

(3)批量打印请柬:从电子表格中调用收件人,换一下称呼,请柬内容基本固定不变。

(4)批量打印工资条:从电子表格调用数据。

(5)批量打印个人简历:从电子表格中调用不同字段数据,每人一页,对应不同信息。

(6)批量打印学生成绩单:从电子表格成绩中取出个人信息,并设置评语字段,编写不同评语。

(7)批量打印各类获奖证书:在电子表格中设置姓名、获奖名称和等资,在 Word 中设置打印格式,可以打印众多证书。

(8)批量打印准考证、明信片、信封等个人报表。

总之,只要有数据源(电子表格、数据库)等,只要是一个标准的二维数表,就可以很方便地按一个记录一页的方式从 Word 中用邮件合并功能打印出来!

实操练习

根据"项目四\任务五\实操练习素材"中提供的绿苹果科技公司的员工基本信息表和工资明细表,为公司的员工每人制作一份收入证明。

要求:

(1)收入证明的模板可参考素材中提供的模板,根据此模板编辑邮件合并的数据源文件。

(2)美化收入证明模板文件,使用邮件合并功能快速生成多份收入证明。

任务考核

根据"项目四\任务五\任务考核素材"中提供的学生信息资料,假如你是学校的招生部门工作人员,请为每个学生制作一份录取通知函,通知函包含学生的姓名、专业、班级、报名时间等信息。

项目五　员工个人财务管理与投资

▊▊ 项目背景

经过一段时间的磨练,晓欣的工作逐步走上正轨,工作中的难题也消失了。正当她感到可以放松的时候,突然发现,虽然自己有了固定的收入,但是自己的存款却寥寥无几,更谈不上投资理财了。日常生活中的各项琐碎支出经常不会有人特别注意,虽然每次金额都不大,但若不加以节制,也有可能花掉收入的一大半。若能让自己在这些花费上有效地加以控制,才能为其他各项投资理财奠定良好的基础。

▊▊ 项目分析

要做好个人财务管理与投资,难度不小,既要开源,也要节流。晓欣根据自己提出的需求,列出了以下相关任务。

任务一: 个人财务预算管理(Excel);
任务二: 银行存款与基金理财(Excel);
任务三: 保险与银行理财(Excel);
任务四: 贷款方案评估(Excel);
任务五: 投资方案评估(重点是 PPT 制作,Excel)

▊▊ 项目目标

本项目要求学生学会使用 Excel 的数据处理功能,掌握不同工作表之间的数据引用,掌握 Excel 图表的制作方法。通过本项目的训练,学生能基本完成个人财务的管理与投资。

任务一　个人财务预算管理(Excel)

▊▊ 任务描述

个人财务管理需要收集整理各项支出项目数据,包括各项支出预算和各项支出明细,计算当月的各项支出合计,以便了解实际的支出情况,还需要与本月的支出预算进行对比,计算当月各项支出总额与预算额的差数,为了能够简明直观地了解支出状况,可以制作一份支出项目结算图表。晓欣根据自己提出的需求,列出了以下相关任务:

(1)输入各种支出资料;
(2)计算当月各项支出合计;

（3）计算当月各项支出总额与预算额的差数；

（4）各项支出项目结算总表；

（5）制作各项支出项目结算图表。

生活中的各项支出数据是个人财务管理的前提，各项支出预算额和各项支出明细是基础支出数据，有了这些原始信息，就可以利用 Excel 的表格功能和函数功能，预估各项支出所需开销，以便对比是否超出预算。

任务目标

知识目标：熟练掌握在 Excel 2010 表格基本制作和 Excel 中 SUMIF 函数的使用。熟练使用公式进行实际应用，理解绝对引用的意义。

能力目标：培养学生搜集资料的能力，并能根据工作实际，利用 Excel 2010 设计各项支出数据表格。

情感目标：培养严谨、耐心细致的职业素养。

任务分析

为了收集各项支出数据，晓欣根据自己的需要，列出了详细的预算开支情况，并且平时就处处留心，实时记录自己的实际消费情况，以便获得准确的支出数据，制作支出数据表格。

任务效果

本任务设计完成的每月各项支出预算表、每月各项支出明细表、各项支出金额结算表如图 5.1.1～图 5.1.3 所示，见“项目五\任务一\教学素材及参考结果\结果”。

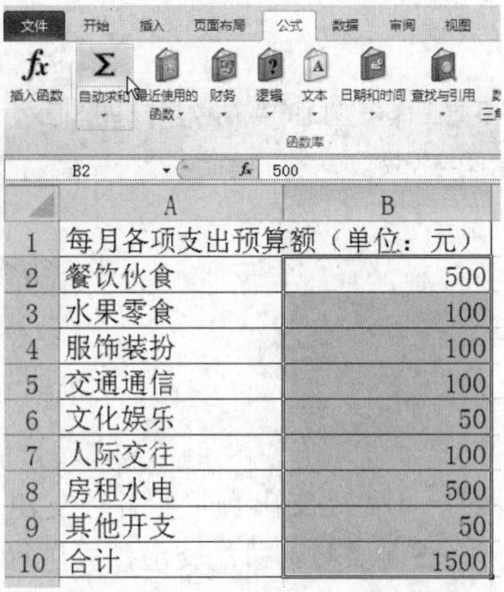

	A	B
1	每月各项支出预算额（单位：元）	
2	餐饮伙食	500
3	水果零食	100
4	服饰装扮	100
5	交通通信	100
6	文化娱乐	50
7	人际交往	100
8	房租水电	500
9	其他开支	50
10	合计	1500

图 5.1.1

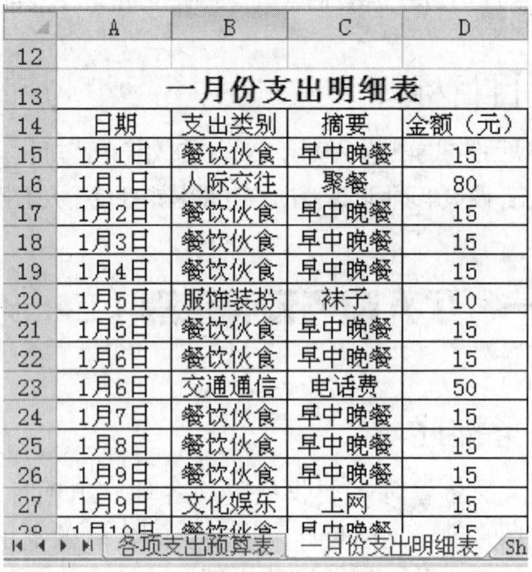

	A	B	C	D
12				
13	一月份支出明细表			
14	日期	支出类别	摘要	金额（元）
15	1月1日	餐饮伙食	早中晚餐	15
16	1月1日	人际交往	聚餐	80
17	1月2日	餐饮伙食	早中晚餐	15
18	1月3日	餐饮伙食	早中晚餐	15
19	1月4日	餐饮伙食	早中晚餐	15
20	1月5日	服饰装扮	袜子	10
21	1月5日	餐饮伙食	早中晚餐	15
22	1月6日	餐饮伙食	早中晚餐	15
23	1月6日	交通通信	电话费	50
24	1月7日	餐饮伙食	早中晚餐	15
25	1月8日	餐饮伙食	早中晚餐	15
26	1月9日	餐饮伙食	早中晚餐	15
27	1月9日	文化娱乐	上网	15
28	1月10日	餐饮伙食	早中晚餐	15

图 5.1.2

各项支出结算表	
餐饮伙食	1350
水果零食	260
服饰装扮	130
交通通信	280
文化娱乐	175
人际交往	280
房租水电	1688
其他开支	0
合计	4163

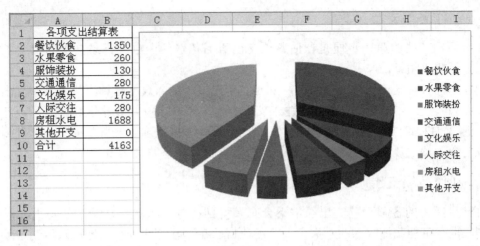

图 5.1.3

工作过程

1. 创建工作簿、重命名工作表

新建“每月各项支出总表”工作簿，将工作表“Sheet1”、“Sheet2”分别重命名为“各项支出预算表”、“一月份支出明细表”。每个月的支出项目和支出预算等信息相对固定，对这类信息可以单独制作表格，方便后面的引用，如图 5.1.4 和图 5.1.5 所示。

每月各项支出预算额（单位：元）	
餐饮伙食	
水果零食	
服饰装扮	
交通通信	
文化娱乐	
人际交往	
房租水电	
其他开支	
合计	

各项支出预算表　一月份支出明细表

图 5.1.4

2013年一月份各项支出金额			
	各项支出合计	各项支出预算	实际支出-预算支出
餐饮伙食			
水果零食			
服饰装扮			
交通通信			
文化娱乐			
人际交往			
房租水电			
其他开支			
合计			

一月份支出明细表			
日期	支出类别	摘要	金额（元）
1月1日			
1月2日			
1月3日			
1月4日			
1月5日			
1月6日			
1月7日			
1月8日			
1月9日			
1月10日			
1月11日			
1月12日			
1月13日			
1月14日			

各项支出预算表　一月份支出明细表　She

图 5.1.5

2. 制作各项支出预算表

控制各项花费的第一步便是预估各项支出所需花费的金额并记录支出的明细资料,以便对比是否超出预算。

切换到"各项支出预算表",合并 A1:B1 单元格,输入表格名称"每月各项支出预算额(单位:元)",在 A2:A9 单元格区域输入支出类别,在 B2:B9 单元格区域输入各项花费的预算额。选取 B2:B9 单元格区,单击"公式"选项卡中的"自动求和"按钮,可直接计算预估花费的合计额,效果见"项目五\任务一\教学素材及参考结果\结果"。

3. 制作各项支出明细表

日常生活中的各项琐碎支出经常不会有人特别注意,虽然每次金额都不大,但若不加以管制,也有可能花掉收入的一大半。若能让自己在这些花费上有效地加以控制,才能为其他各项投资理财奠定良好的基础。

切换到"一月份支出明细表"工作表,在 B14:I14 单元格区域输入表格的标题字段,合并 A13:I13,输入表格名称为"一月份支出明细表"。在 A15 单元格中输入"1月1日",使用填充柄拖曳到 A45 单元格,快速填充日期,如图 5.1.6 所示。

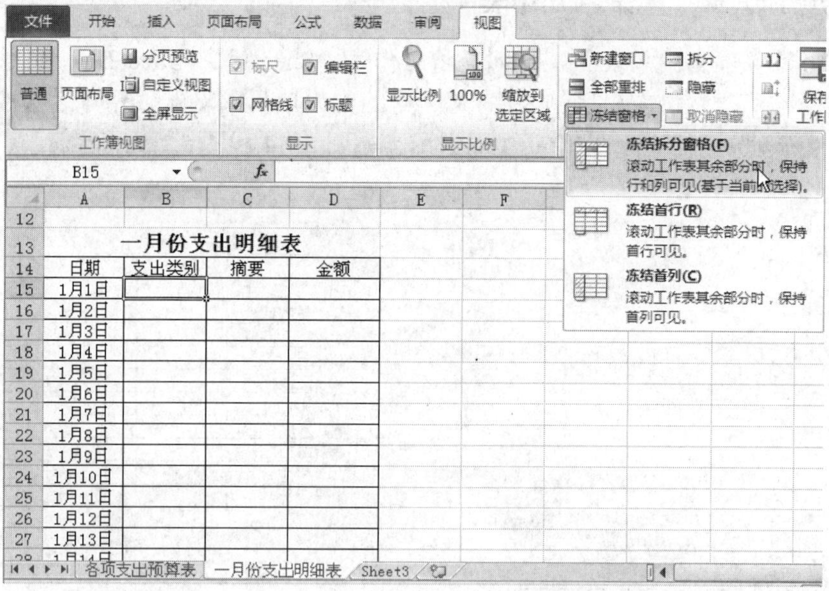

图 5.1.6

为了在输入支出明细时,方便参照各标题栏,选取 B15 单元格,单击"视图"选项卡中的"冻结拆分窗格"按钮,开启冻结窗格功能,如图 5.1.4 所示。第 12 行以上为预留空间,由其他表格使用。

为了简洁和准确地记录"支出类别",使用"数据有效性"检查记录值,选取 B15 单元格,单击"视图"选项卡中的"数据有效性"下面的"数据有效性"按钮,如图 5.1.7 所示。

在弹出的"数据有效性"对话框中,选择"设置"选项卡,在"有效性条件"中选择"序列"命令,如图 5.1.8 所示。

项目五 员工个人财务管理与投资 /147

图 5.1.7

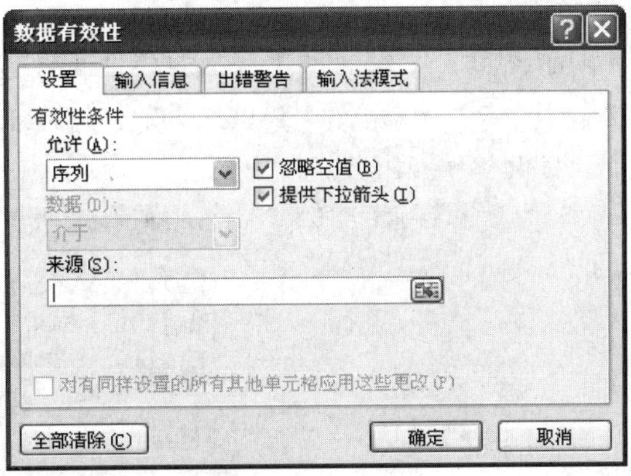

图 5.1.8

在"来源"选项中，单击 按钮，然后选择"各项支出预算表"中的 A2:A9 单元格区域，如图 5.1.9 所示。

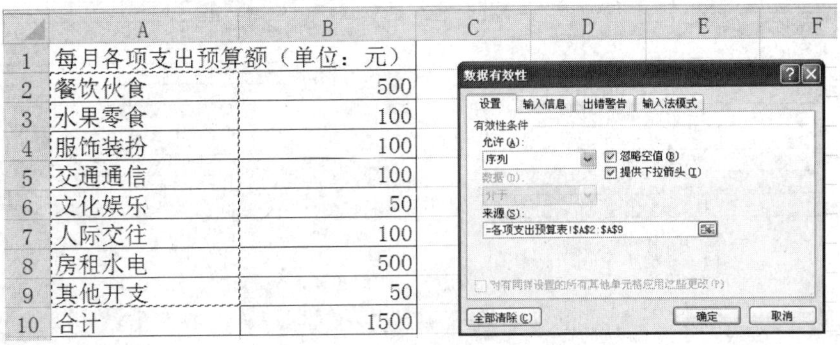

图 5.1.9

在 B15 单元格，使用填充柄拖曳自动填充至 B45，使各单元格都能套用此样式。然后下拉 B15 单元格的下拉菜单，选择支出类别，如图 5.1.10 所示。

继续输入各支出明细数据，效果见"项目五\任务一\教学素材及参考结果\结果"。

图 5.1.10

4. 计算当月各项支出合计

月底时，当把所有支出明细输入表格之后，就需要统计各项支出的总额，以检查是否超出所定的预算额。首先根据图 5.1.11 所示，在"一月份支出明细表"工作表中的 A1:D11 工作表区域制作"2013年一月份各项支出金额"表。

选择 B3 单元格，单击"公式"选项卡中的"插入函数"按钮，如图 5.1.12 所示。

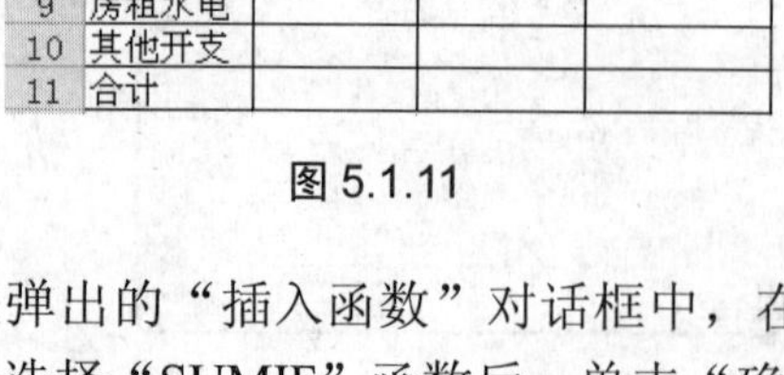

图 5.1.11

图 5.1.12

在弹出的"插入函数"对话框中，在"或选择类别"一栏中选取"数学与三角函数"类别，选择"SUMIF"函数后，单击"确定"按钮，如图 5.1.13 所示。

项目五　员工个人财务管理与投资 /149

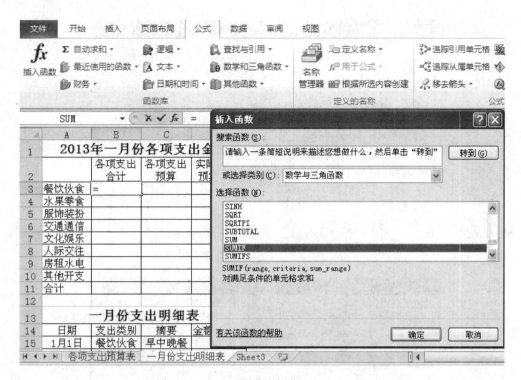

图 5.1.13

此时打开的是"函数参数"对话框，如图 5.1.14 所示。

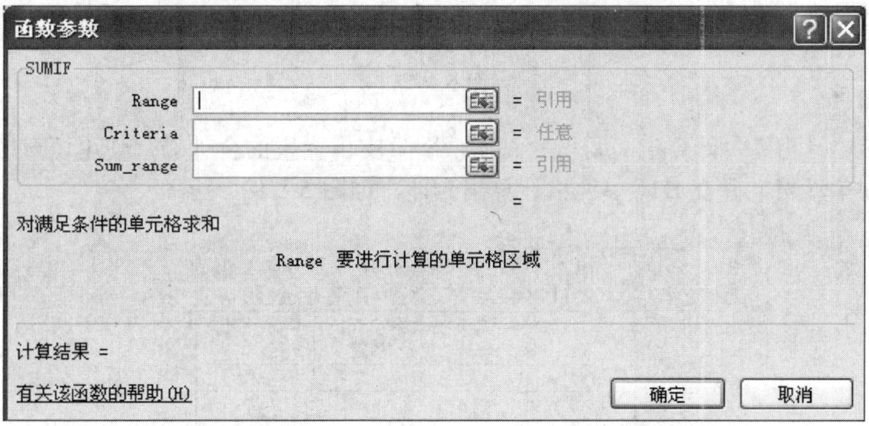

图 5.1.14

单击 Range 文本框后面的 按钮，选取 B15:B55 单元格区域后，再按下 F4 键，使选取的单元格变为绝对引用，如图 5.1.15 所示。

图 5.1.15

再单击"函数参数"文本框后面的 按钮，如图 5.1.16 所示。

150 计算机应用基础（会计专业）

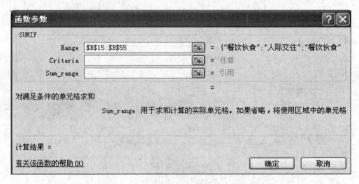

图 5.1.16

继续输入"Criteria"和"Sum_range"文本框中的内容，然后单击"确定"按钮，如图 5.1.17 所示。

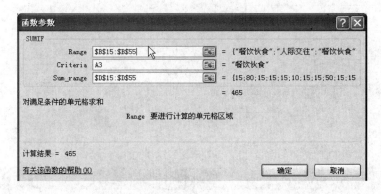

图 5.1.17

此时 B3 单元格中计算出一月份"餐饮伙食"支出类别的合计额，使用填充柄拖曳自动填充至 B10 单元格，并在 B11 单元格计算出合计，如图 5.1.18 所示。

	A	B	C	D
1	2013年一月份各项支出金额			
2		各项支出合计	各项支出预算	实际支出-预算支出
3	餐饮伙食	465		
4	水果零食	110		
5	服饰装扮	10		
6	交通通信	100		
7	文化娱乐	55		
8	人际交往	80		
9	房租水电	533		
10	其他开支	0		
11	合计	1353		
12				
13	一月份支出明细表			
14	日期	支出类别	摘要	金额（元）
15	1月1日	餐饮伙食	早中晚餐	15

图 5.1.18

5. 计算当月各项支出总额与预算额的差额

选取 C3 单元格，输入“=”，然后切换至“各项支出预算表”，选取 B2 单元格后，按回车键。使用填充柄拖曳自动填充至 C10 单元格，并在 C11 单元格计算出合计。用支出预算减去实际支出就可以知道实际花费是否超出预算，在 D3 单元格中输入“=C3-B3”后，按回车键。使用填充柄拖曳自动填充至 D10 单元格，并在 D11 单元格计算出合计，如图 5.1.19 所示。

	A	B	C	D
1	2013年一月份各项支出金额			
2		各项支出合计	各项支出预算	预算支出-实际支出
3	餐饮伙食	465	500	35
4	水果零食	110	100	-10
5	服饰装扮	10	100	90
6	交通通信	100	100	0
7	文化娱乐	55	50	-5
8	人际交往	80	100	20
9	房租水电	533	500	-33
10	其他开支	0	50	50
11	合计	1353	1500	147
12				
13	一月份支出明细表			

各项支出预算表　一月份支出明细表　二月

图 5.1.19

完成一月份的支出明细与合计后，即可清楚地知道，在一月份的花费里，只有“水果零食”、“文化娱乐”和“房租水电”等三个类别的支出超出原订预算额，其他类别的花费却比预算额少了很多，而实际总花费并未超出总预算额。

完成了一月份的支出明细后，即可复制一月份的支出明细至其他工作表，再删除支出内容即可，如图 5.1.20 所示。另外请再制作二月份的支出明细，以便有较客观的资料将原订预算额调整至最理想的金额。

	A	B	C	D	E
1	2013年二月份各项支出金额				
2		各项支出合计	各项支出预算	实际支出-预算支出	
3	餐饮伙食				
4	水果零食				
5	服饰装扮				
6	交通通信				
7	文化娱乐				
8	人际交往				
9	房租水电				
10	其他开支				
11	合计				
12					
13	二月份支出明细表				
14	日期	支出类别	摘要	金额（元）	
15					

各项支出预算表　一月份支出明细表　二月份支出明细表

图 5.1.20

三月份的支出明细需先新增一个工作表，再比照以上步骤办理即可。

6. 制作各项支出项目结算总表

每三个月统计一次各项支出的金额，以查看哪些支出金额最多，哪些较少，并重新预估各项预算金额，使各项支出预算的编列更加符合实际，如图 5.1.21 所示。

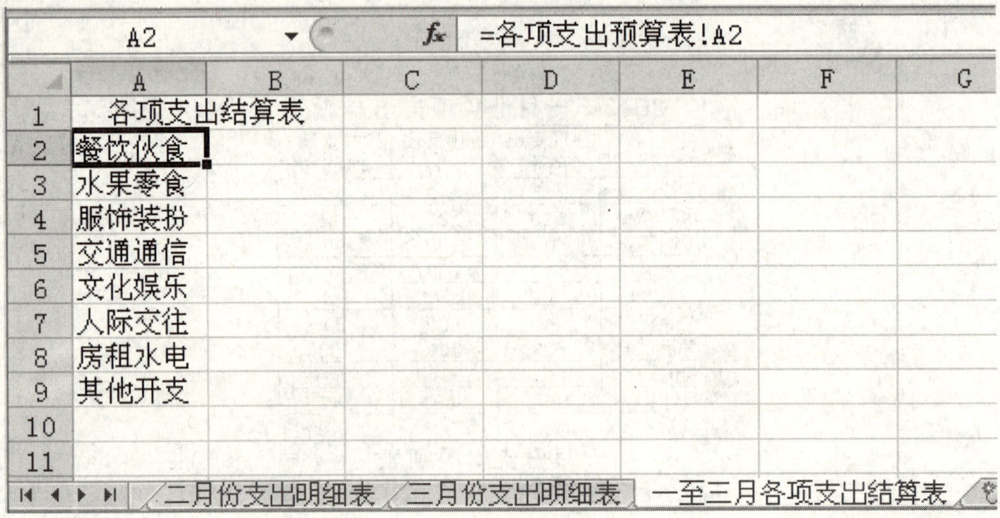

图 5.1.21

选择 B2 单元格，单击"数据"选项卡中的"合并计算"按钮，如图 5.1.22 所示。

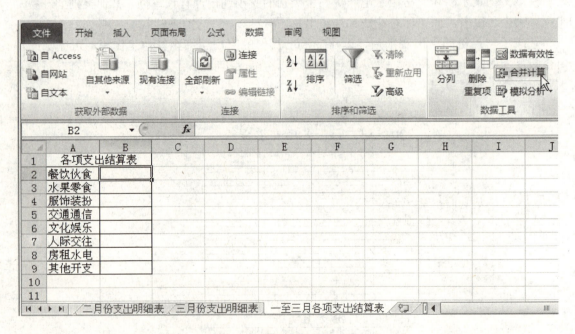

图 5.1.22

打开"合并计算"对话框，将"函数"下拉列表设定为"求和"，如图 5.1.23 所示。

图 5.1.23

单击"引用位置"一栏中的 按钮,切换至"一月份支出明细表",选取 B3:B10 单元格,如图 5.1.24 所示。

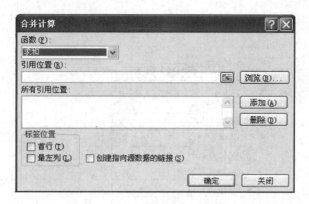

图 5.1.24

依次添加一、二、三月份支出明细表数据,并单击"确定"按钮,如图 5.1.25 所示。

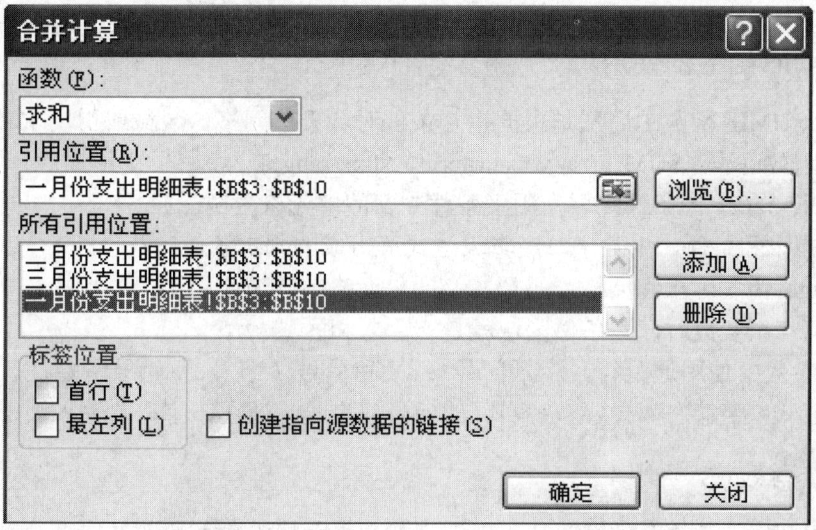

图 5.1.25

一至三月各项支出合并计算完成，如图 5.1.26 所示。

	A	B
1	各项支出结算表	
2	餐饮伙食	1350
3	水果零食	260
4	服饰装扮	130
5	交通通信	280
6	文化娱乐	175
7	人际交往	280
8	房租水电	1688
9	其他开支	0
10	合计	4163

图 5.1.26

也可以通过修改"引用位置"的范围来增加合并计算的项目。如果勾选"创建指向源数据的链接"，则可让合并计算自动更新。

7．制作各项支出项目结算图表

选择 A2:B9 单元格，单击"插入"选项卡中的"饼图"按钮，选择"分离型三维饼图"命令，效果见"项目五\任务一\教学素材及参考结果\结果"。

在图标区单击鼠标右键，在弹出的下拉菜单中选择"设置绘图区格式"菜单，可以设置绘图区的格式。

至此，任务一结束。

相关知识

1．SUMIF 函数的使用

Excel 中 SUMIF 函数的用法是根据指定条件对若干单元格、区域或引用求和。
SUMIF 函数语法：SUMIF(range，criteria，sum_range)
参数说明：range 为条件区域，用于条件判断的单元格区域。
Criteria 是求和条件，由数字、逻辑表达式等组成的判定条件。
Sum_range 为实际求和区域，需要求和的单元格、区域或引用。
当省略第三个参数时，则条件区域就是实际求和区域。
criteria 参数中使用通配符（包括问号（?）和星号（*））。问号匹配任意单个字符；星号匹配任意一串字符。如果要查找实际的问号或星号，请在该字符前输入波形符（~）。

2．数据有效性

Microsoft Excel 数据有效性验证可以定义要在单元格中输入的数据类型。例如，只可以输入从 A 到 F 的字母时可以设置数据有效性验证，以避免用户输入无效的数据，或者允许输入无效数据，但在用户结束输入后进行检查。还可以提供信息，以定义期望在单元格中输入的内容，以及帮助用户改正错误的指令。如果输入的数据不符合要求，Excel 将显示一条消息，其中包含提供的指令。

数据有效性的功能，可以限制单元格的内容为指定整数、指定小数、指定日期段，指定时间段、指定文本长度、指定内容或指定公式结果。下面以将数据输入限制为下拉列表中的值为例，介绍如何添加数据有效性。

（1）选择一个或多个要进行验证的单元格。

（2）在 Excel 2003 及以下版本，在"数据"菜单中，单击"有效性"按钮；在 Excel 2007 版本中，在"数据"选项卡上的"数据工具"选项组中，单击"数据有效性"按钮。

（3）在"数据有效性"对话框中，单击"设置"选项卡按钮。

（4）在"允许"选框中，选择"序列"菜单命令。

（5）单击"来源"按钮，然后输入用 Microsoft Windows 列表分隔符（默认情况下使用逗号）分隔的列表值。

（6）最后单击"确认"按钮即可完成设定。

3. 合并计算

所谓合并计算是指，可以通过合并计算的方法来汇总一个或多个源区中的数据。Microsoft Excel 提供了两种合并计算数据的方法：一是通过位置，即当我们的源区域有相同位置的数据进行汇总；二是通过分类，当我们的源区域没有相同的布局时，则采用分类方式进行汇总。

要想合并计算数据，首先必须为汇总信息定义一个目的区，用来显示摘录的信息。此目标区域可位于与源数据相同的工作表上，或在另一个工作表上或工作簿内。其次，需要选择要合并计算的数据源。此数据源可以来自单个工作表、多个工作表或多重工作簿中。

在合并计算时，不需要打开包含源区域的工作簿。

（1）通过位置来合并计算数据：在所有源区域中的数据被相同地排列，也就是说想从每一个源区域中合并计算的数值必须在被选定源区域的相同的相对位置上。这种方式非常适用于我们处理日常相同表格的合并工作，例如，总公司将各分公司合并形成一整个公司的报表。再如，税务部门可以将不同地区的税务报表合并形成一个市的总税务报表等。

（2）通过分类来合并计算数据：当多重来源区域包含相似的数据却以不同方式排列时，此命令可使用标记，依不同分类进行数据的合并计算，也就是说，当选定格式的表格具有不同的内容时，我们可以根据这些表格的分类来分别进行合并工作。举例来说，假设某公司共有两个分公司，它们分别销售不同的产品，总公司要得到完整的销售报表时，就必须使用"分类"来合并计算数据。

（3）合并计算的自动更新：还可以利用链接功能来实现表格的自动更新。也就是说，如果我们希望当源数据改变时，Microsoft Excel 会自动更新合并计算表。要实现该功能的操作是，在"合并计算"对话框中选定"链接到源"复选框，选定后在其前面的方框中会出现一个"√"符号。这样，当每次更新源数据时，我们就不必都要再执行一次"合并计算"命令。还应注意：当源和目标区域在同一张工作表时，是不能够建立链接的。

实操练习

素材中提供了绿苹果科技公司日常开支预算数据和一至三月的实际支出明细数据,根据素材完善绿苹果科技公司的各项支出明细表,制作一至三月各项支出结算表。

任务考核

结合自己的实际情况制作一份个人近三个月的支出预算表和实际支出明细表,并对数据进行分析计算。

任务二 银行存款与基金理财（Excel）

任务描述

随着工作年限的增加,晓欣的收入稳定,每月都可以在银行存下一笔钱。近期,晓欣想好好利用这笔每月增加的存款,使其收益更高。

任务目标

知识目标：熟练掌握 FV() 和 RATE() 函数的使用。
能力目标：培养学生根据实际需要,选择合适的 Excel 函数实现目标。
情感目标：培养严谨、耐心细致的职业素养。

任务分析

为了增加存款的收益,晓欣专门咨询了银行的大堂经理,并从其推荐的方案中,选择了两个适合自己的存款方案:一个是零存整取;另一个是基金定投。

任务效果

本任务设计完成的零存整取试算表、基金定投试算表如图 5.2.1 和图 5.2.2 所示,见"项目五\任务二\教学素材及参考结果\结果"。

	A	B
1	晓欣的"基金定投"试算表	
2		
3	每月固定存款（元）	1200
4	存款期数（月）	12
5	年利率	
6		
7	存款本息合计（元）	¥15,400.00

图 5.2.1

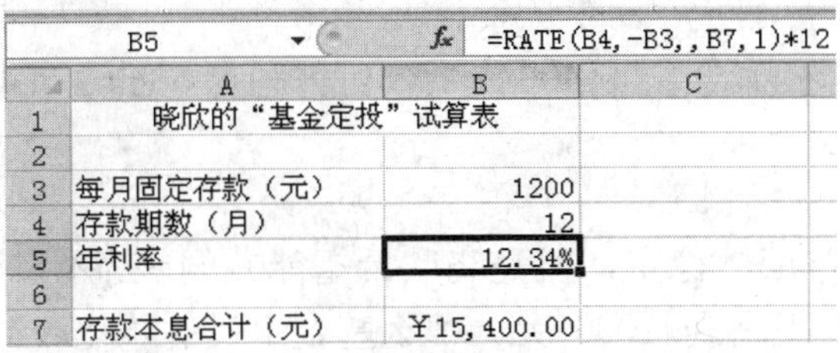

项目五 员工个人财务管理与投资 /157

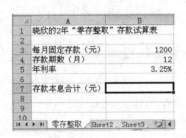

图 5.2.2

工作过程

1. 零存整取

新建"个人投资理财总表"工作簿,将工作表"Sheet1"重命名为"零存整取",假设从 2013 年 10 月 1 日至 2014 年 10 月 1 日,晓欣每月 1 日准时在银行存入 1200 元,累计共 14400 元,现在银行一年期零存整取的利率是 3.25%,如图 5.2.3 所示。

图 5.2.3

2. 用 FV() 函数计算本息合计

选择 B7 单元格,单击"公式"选项卡中的"插入函数"按钮,选择"财务"类别函数里的 PV() 函数命令,如图 5.2.4 所示。Rate 表示月利率,需用年利率除以 12 个月;Nper 表示投资的总期数;Pmt 表示每期投资的数额,因是向银行存钱,所以为负数;Type 表示是在期初还是期末投资,期初为 1。

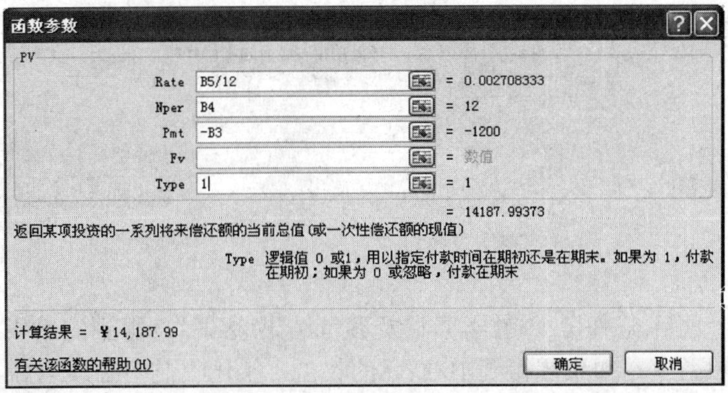

图 5.2.4

计算结果见"项目五\任务一\教学素材及参考结果\结果",晓欣可以在一年后取出 14656.03 元,在扣除一年的本金共 14400 元后,可得利息 656.03 元。

3. 基金定投

银行零存整取的收益虽然稳定,但是晓欣希望能在同等条件下通过基金定投得到更多的收益,例如,预期收益提高到 1000 元,那么基金定投的年化收益率应该是多少呢?将工作表 "Sheet2" 重命名为 "基金定投",制作基金定投试算表,如图 5.2.5 所示。

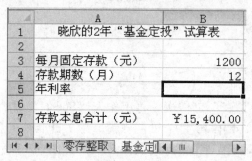

图 5.2.5

4. 用 RATE() 函数计算年化收益率

选择 B5 单元格,单击"公式"选项卡中的"插入函数"按钮,选择"财务"类别函数里的 RATE() 函数命令,如图 5.2.6 所示。Nper 表示投资的总期数;Pmt 表示每期投资的数额,因是向银行存钱,所以为负数;Fv 表示最后一次付款后希望得到的现金余额;Type 表示是在期初还是期末投资,期初为 1。

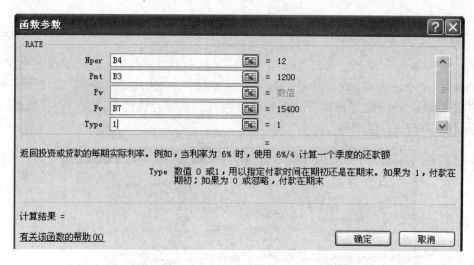

图 5.2.6

计算结果见"项目五\任务二\教学素材及参考结果\结果",得到的结果为月利率,乘以 12 就得到了年化收益率,如果想得到 1000 元的收益,年化收益率必须达到 12.34%。

至此,任务二结束。

相关知识

1. FV()函数的使用

功能：基于固定利率及等额分期付款方式，返回某项投资的未来值。

语法：FV(rate,nper,pmt,pv,type)

参数说明：

rate 为各期利率。例如，如果按 12%的年利率借入一笔贷款来购买汽车，并按月偿还贷款，则月利率为 12%/12（即 1%）。可以在公式中输入 12%/12、1%或 0.01 作为 rate 的值。

nper 为总投资（或贷款）期，即该项投资（或贷款）的付款期总数。例如，对于一笔 5 年期按月偿还的汽车贷款，共有 5×12（即 60）个偿款期数。可以在公式中输入 60 作为 nper 的值。

pmt 为各期所应支付的金额，其数值在整个年金期间保持不变。通常 pmt 包括本金和利息，但不包括其他费用及税款。例如，10 万元的年利率为 12%的四年期汽车贷款的月偿还额为 2633.3 元。可以在公式中输入-2633.3 作为 pmt 的值。如果忽略 pmt，则必须包含 pv 参数。

pv 为现值，即从该项投资开始计算时已经入账的款项，或一系列未来付款的当前值的累积和，也称为本金。如果省略 pv，则假设其值为零，并且必须包括 pmt 参数。

Type 为数字 0 或 1，用以指定各期的付款时间是在期初还是期末。

Type 值	支付时间
0 或省略	期末
1	期初

说明：应确认所指定的 rate 和 nper 单位的一致性。例如，同样是四年期年利率为 12%的贷款，如果按月支付，rate 应 12%/12，nper 应为 4×12；如果按年支付，rate 应为 12%，nper 为 4。

在所有参数中，支出的款项，如银行存款，表示为负数；收入的款项，如股息收入，表示为正数。

2. RATE()函数的使用

功能：返回未来款项的各期利率。

语法：rate(nper,pmt,pv,fv,type,guess)

参数说明：

nper 是总投资（或贷款）期。

pmt 是各期所应付给（或得到）的金额。

pv 是一系列未来付款当前值的累积和。

fv 是未来值，或在最后一次支付后希望得到的现金或余额。

type 是数字 0 或 1，用以指定各期的付款时间是在期初还是期末，0 为期末，1 为期初。

guess 为预期利率（估计值），如果省略预期利率，则假设该值为 10%，如果函数 RATE 不收敛，则需要改变 guess 的值。通常情况下当 guess 位于 0 和 1 之间时，函数 RATE 是收敛的。

实操练习

晓欣的闺蜜岚岚收入不高,但平时花钱大手大脚,是个典型的"月光族",虽然自己也想改掉这个坏毛病,但始终力不从心,晓欣决定尽自己所能帮助岚岚。她给岚岚介绍了零存整取和基金定投这两种存钱的模式,可以帮助岚岚每月都有一笔小额存款。请你帮岚岚制作零存整取试算表,根据目前银行实际的零存整取的利率,如果每月底存 600 元,计算两年后的收益。如果采用基金定投的话,每月底存 750 元,如果想在一年半达到该收益,该基金的平均年收益率至少为多少。

任务考核

根据目前银行实际的零存整取的利率,根据该利率制作零存整取试算表,计算每月底存 1500 元,三年后的收益。

根据上面计算出来的收益,制作基金定投试算表,采取基金定投的方式,每月底存 4000 元,计算出如果想在一年内达到该收益,该基金的平均年收益率至少为多少?

任务三　保险与银行理财(Excel)

任务描述

最近股市表现不错,晓欣的基金定投获得了比较高的收益,因担心风险,晓欣决定赎回所有基金投入到风险较小、但收益较高的保险理财和银行理财,这样既能提高收益,又能获得一定的人生保障。经过一段时间的思考和比较,晓欣决定,用一半的存款购买收益较低但能获得一定人生保障的保险理财产品,用另一半的存款购买收益更高的银行理财产品。

任务目标

知识目标:熟练掌握 NPV() 函数的使用。
能力目标:培养学生根据实际需要,选择合适的 Excel 函数实现目标。
情感目标:培养严谨、耐心细致的职业素养。

任务分析

晓欣在朋友的介绍下,参加了大西洋人寿的 15 年投资型保险计划,只要在前 5 年,每年缴交 3000 元的保费,就不再需要缴交保费,同时第 5~10 年,每年可领回 2000 元的红利,第 11~15 年则可每年领回 2300 元的红利,假设这些年的年平均通胀为 5%。

目前银行发行的理财产品种类较多,晓欣经过比较最后选择了某银行的一款开放式资产组合型人民币理财产品,可随时赎回,并且根据不同的投资期限,收益率不同,如表 5.3.1 所示。

表 5.3.1

投资期 T/年	$1 \leq T < 10$	$10 \leq T < 20$	$20 \leq T < 30$	$30 \leq T < 45$	$45 \leq T < 60$	$60 \leq T < 90$	$T \geq 90$
实际收益	1.95%	2.13%	2.31%	2.49%	2.79%	3.00%	3.24%

任务效果

本任务设计完成的保险理财产品试算表、银行理财产品试算表如图 5.3.1 和图 5.3.2 所示，见"项目五\任务三\教学素材及参考结果\结果"。

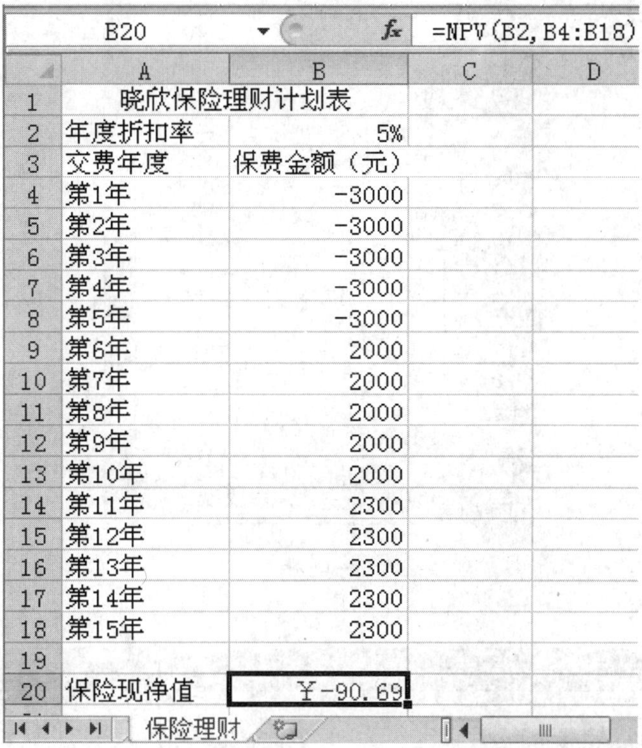

图 5.3.1

图 5.3.2

工作过程

1．计算保险现净值

根据上述条件，晓欣制作了保险理财计划表，如图 5.3.3 所示。

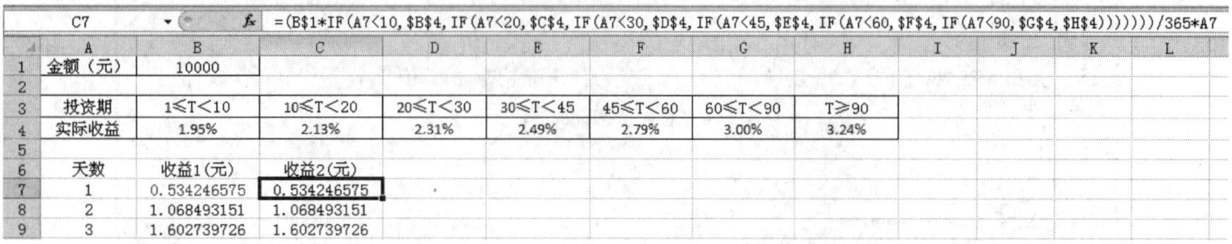

选择 B20 单元格，单击"公式"选项卡中的"插入函数"按钮，选择"财务"类别函数里的 NPV()函数命令，如图 5.3.4 所示。Rate 表示一段时间的贴现率；Value1 是必需的，其后续值是可选的。这些是代表支出及收入的 1～254 个参数。

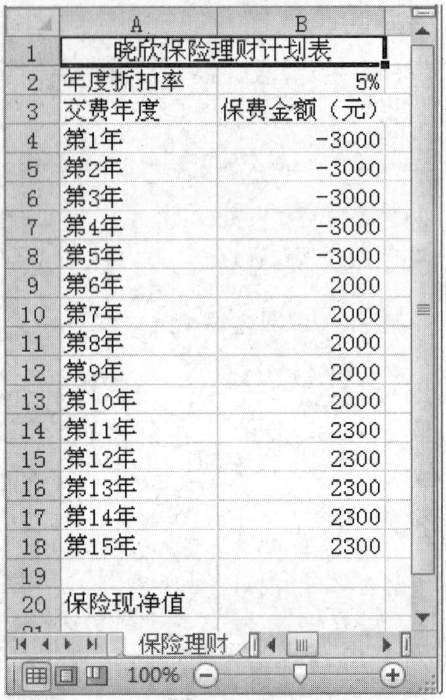
A B
1 晓欣保险理财计划表
2 年度折扣率 5%
3 交费年度 保费金额（元）
4 第1年 -3000
5 第2年 -3000
6 第3年 -3000
7 第4年 -3000
8 第5年 -3000
9 第6年 2000
10 第7年 2000
11 第8年 2000
12 第9年 2000
13 第10年 2000
14 第11年 2300
15 第12年 2300
16 第13年 2300
17 第14年 2300
18 第15年 2300
19
20 保险现净值
保险理财
100%

图 5.3.3

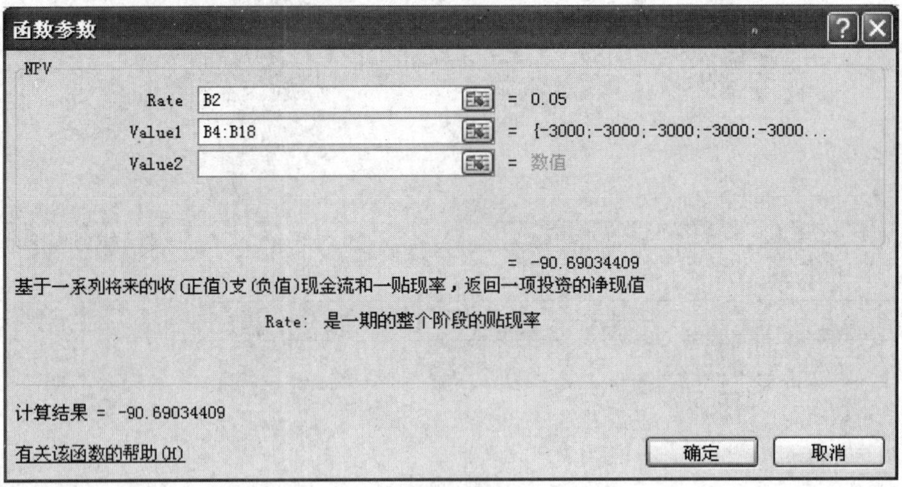
函数参数
NPV
Rate B2 = 0.05
Value1 B4:B18 = {-3000;-3000;-3000;-3000;-3000...
Value2 = 数值
= -90.69034409
基于一系列将来的收(正值)支(负值)现金流和一贴现率，返回一项投资的净现值
Rate: 是一期的整个阶段的贴现率
计算结果 = -90.69034409
有关该函数的帮助(H)
确定
取消

图 5.3.4

计算结果见“项目五\任务三\教学素材及参考结果\结果”，实际保险净值为负数，若单纯以理财或投资的角度来看，此份保单并不是最佳的选择。但是保险通常还会附带有医疗保障，在考量两方面后，晓欣觉得此方案符合自己的需求。

2. 计算银行理财产品

晓欣拿出 10000 元买入该理财产品，根据上述条件，晓欣制作了银行理财收益表，如图 5.3.5 所示。

	A	B	C	D	E	F	G	H
1	金额（元）	10000						
2								
3	投资期	1≤T<10	10≤T<20	20≤T<30	30≤T<45	45≤T<60	60≤T<90	T≥90
4	实际收益	1.95%	2.13%	2.31%	2.49%	2.79%	3.00%	3.24%
5								
6	天数	收益(元)						
7	1							
8	2							
9	3							
10	4							
11	5							

图 5.3.5

选择 B7 单元格，填入公式"=(B1*0.0195)/365*A7"，然后将光标停留在 B1 处，按 F4 键后得到公式"=($B$1*0.0195)/365*A7"，自动填充至 B15 单元格，依次得出投资 1 日至 9 日的实际收益，如图 5.3.6 所示。

	A	B	C	D	E	F	G	H
1	金额（元）	10000						
2								
3	投资期	1≤T<10	10≤T<20	20≤T<30	30≤T<45	45≤T<60	60≤T<90	T≥90
4	实际收益	1.95%	2.13%	2.31%	2.49%	2.79%	3.00%	3.24%
5								
6	天数	收益(元)						
7	1	0.534246575						
8	2	1.068493151						
9	3	1.602739726						

图 5.3.6

依次在 B16、B26、B36、B51、B66、B96 单元格中输入公式，并自动填充到相应的位置，可计算至任一天的理财收益，如表 5.3.2 所示。

表 5.3.2

投 资 期	实 际 收 益	单 元 格	公 式
1≤T<10	1.95%	B7	=($B$1*0.0195)/365*A7
10≤T<20	2.13%	B16	=(B$1*0.0213)/365*A16
20≤T<30	2.31%	B26	=(B$1*0.0231)/365*A26
30≤T<45	2.49%	B36	=(B$1*0.0249)/365*A36
45≤T<60	2.79%	B51	=(B$1*0.0275)/365*A51
60≤T<90	3.00%	B66	=(B$1*0.03)/365*A66
T≥90	3.24%	B96	=(B$1*0.0324)/365*A96

3. 使用 IF() 函数计算理财收益

晓欣的朋友看到晓欣制作的表格后，认为还有一种更实用的计算方法，就是使用 IF() 函数的嵌套直接根据存款的天数选择利率，计算过程如图 5.3.7 所示。

选择 B7 单元格，单击"公式"选项卡中的"插入函数"按钮，选择"逻辑"类别函数里的 IF() 函数命令，Logical_test 表示逻辑条件，Value_if_true 表示满足条件时返回的值，Value_if_false 表示不满足条件时返回的值。

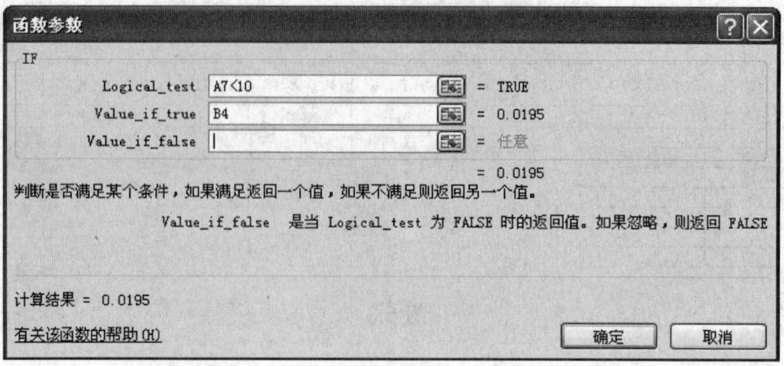

图 5.3.7

经过 5 次嵌套，计算公式见"项目五\任务三\教学素材及参考结果\结果"，然后直接填充到数据的末尾，就可以计算至任一天的理财收益。

至此，任务三结束。

相关知识

NPV()函数

功能：通过使用贴现率及一系列未来支出（负值）和收入（正值），返回一项投资的净现值。

语法：NPV(rate,value1,value2, ...)

参数说明：

rate 为某一期间的贴现率，是一固定值。

value1，value2，…代表支出及收入的 1~254 个参数，在时间上必须间隔相等，并且都发生在期末。

NPV 使用 value1，value2，…的顺序来解释现金流的顺序。所以务必保证支出和收入的数额按正确的顺序输入。如果参数为数值、空白单元格、逻辑值或数字的文本表达式，则都会计算在内；如果参数是错误值或不能转化为数值的文本，则被忽略。如果参数是一个数组或引用，则只计算其中的数字。数组或引用中的空白单元格、逻辑值或文本将被忽略。

说明：函数 NPV 假定投资开始于 Value1 现金流所在日期的前一期，并结束于最后一笔现金流的当期。函数 NPV 依据未来的现金流来进行计算。如果第一笔现金流发生在第一个周期的期初，则第一笔现金必须添加到函数 NPV 的结果中，而不应包含在 values 参数中。

例如，如果 n 是数值参数表中的现金流的次数，则 NPV 的公式如下：

$$NPV = \sum_{i=1}^{n} \frac{\text{values}_i}{(1+\text{rate})^i}$$

函数 NPV 与函数 PV（现值）相似。PV 与 NPV 之间的主要差别在于：函数 PV 允许现金流在期初或期末开始。与可变的 NPV 的现金流数值不同，PV 的每一笔现金流在整个投资中必须是固定的。有关年金与财务函数的详细信息，请参阅函数 PV。

函数 NPV 与函数 IRR（内部收益率）也有关，函数 IRR 是使 NPV 等于零的比率：NPV(IRR(...), ...) = 0。

实操练习

岚岚在晓欣的帮助下，逐步改掉了乱花钱的毛病，而且还对理财产生了浓厚的兴趣，所以找晓欣帮她"参谋"某保险公司的一款投资型保险计划和某银行的一款开放式理财产品。详细情况如下：

某人寿保险公司的 20 年投资型保险计划，只要在前 8 年，每年缴交 2000 元的保费，就不再需要缴交保费，同时第 9~15 年，每年可领回 2000 元的红利，第 15~20 年则可每年领回 2500 元的红利，假设这些年的年平均通胀为 4.5%。

目前银行发行的理财产品种类较多，岚岚经过比较最后选择了某银行的一款开放式资产组合型人民币理财产品，可随时赎回，并且根据不同的投资期限，收益率不同，如表 5.3.3 所示。

表 5.3.3

投资期 T/日	$1 \leqslant T<10$	$10 \leqslant T<20$	$20 \leqslant T<30$	$30 \leqslant T<45$	$45 \leqslant T<60$	$60 \leqslant T<90$	$T \geqslant 90$
实际收益	1.75%	2.03%	2.21%	2.39%	2.59%	2.88%	3.04%

根据上文提供的数据，制作岚岚的保险理财产品试算表，假设一次性购买 12 000 元的理财产品，分别利用公式和函数制作银行理财产品试算表。

任务考核

做保险计划的市场调查，根据目前保险公司的类似保险计划，为自己制作一份保险理财产品试算表，并分析该保险计划的得失。

根据目前银行理财产品的收益，计算在一次性投入 20 000 元的情况下，银行理财产品的收益状况，并分别利用公式和函数制作银行理财产品试算表。

任务四 贷款方案评估（Excel）

任务描述

随着生活品质的提升，晓欣考虑购买一辆汽车作为上班的代步工具，因手头的现金不足，所以向银行申请了一笔汽车消费贷款。

任务目标

知识目标：熟练掌握 PMT()函数的使用。
能力目标：培养学生根据实际需要，选择合适的 Excel 函数实现目标。
情感目标：培养严谨、耐心细致的职业素养。

任务分析

在申请贷款之前，晓欣仔细地比较了不同还款周期下的每月还款额，以便在不降低生活品质的情况下，能尽早地还清贷款。

任务效果

本任务设计完成的贷款方案试算表、贷款方案试算图表如图 5.4.1 和图 5.4.2 所示，见"项目五\任务四\教学素材及参考结果\结果"。

	A	B	C	D
1	贷款额度（元）	80000		
2				
3		贷款方案试算表		
4	贷款项目	时间（月）	年利率	月还款额
5	六个月以内（含6个月）	6	6.10%	¥-13,571.56
6	六个月至一年（含1年）	12	6.56%	¥-6,905.92
7		18	6.56%	¥-4,678.82
8		24	6.56%	¥-3,565.87
9	一至三年（含3年）	36	6.65%	¥-2,457.39
10		48	6.65%	¥-1,902.74
11	三至五年（含5年）	60	6.90%	¥-1,580.32
12	五年以上贷款	72	7.05%	¥-1,365.84

图 5.4.1

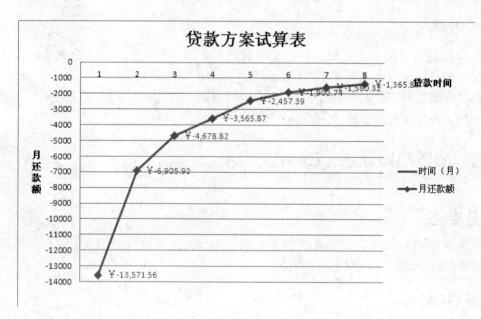

图 5.4.2

工作过程

1. 制作贷款方案试算表

经过仔细考虑，晓欣决定购买一辆价值 10 万元的轿车，首付 20%，剩余金额向银行贷款，并制作出贷款方案试算表，如图 5.4.3 所示。

	A	B	C	D
1	贷款额度（元）	80000		
2				
3		贷款方案试算表		
4	贷款项目	时间（月）	年利率	月还款额
5	六个月以内（含6个月）	6	6.10%	
6	六个月至一年（含1年）	12	6.56%	
7		18	6.56%	
8		24	6.56%	
9	一至三年（含3年）	36	6.65%	
10		48	6.65%	
11	三至五年（含5年）	60	6.90%	
12	五年以上贷款	72	7.05%	

图 5.4.3

2．使用 PMT()函数计算月还款额

选择 D5 单元格，单击"公式"选项卡中的"插入函数"按钮，选择"财务"类别函数里的 PMT()函数命令，Rate 表示月贷款利率，Nper 表示贷款期数，Pv 表示还款金额，如图 5.4.4 所示。

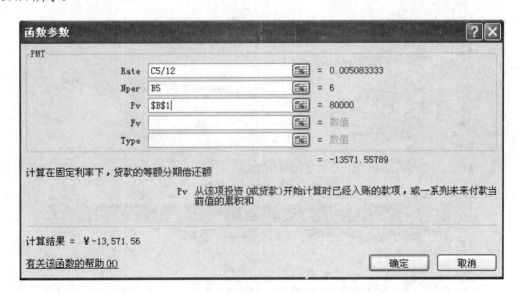

图 5.4.4

计算结果见"项目五\任务四\教学素材及参考结果\结果"，晓欣根据自己的实际情况，选择了最适合自己的贷款方案。

3．利用图表分析贷款方案

（1）单击"插入"选项卡中的"折线图"按钮，选择"二维折线图"中的"折线图"命令，如图 5.4.5 所示。

（2）选中空白图表后，选择"图表工具"中的"设计"选项卡中的"选择数据"菜单命令，按 Ctrl 键连续选择"B4:B12"和"D4:D12"单元格，如图 5.4.6 所示。

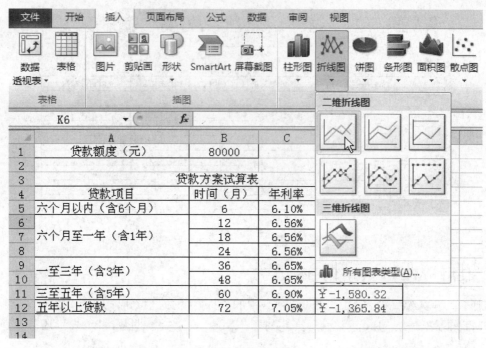

图 5.4.5

图 5.4.6

（3）单击"确定"按钮后，再次选中图表，在"图表布局"中选择"布局 9"，得到如图 5.4.7 所示的折线图。

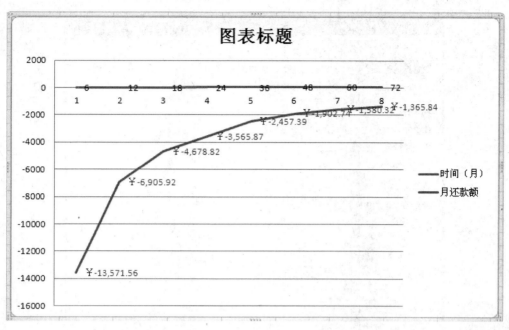

图 5.4.7

（4）选择图表中任意一个数据点右击，在弹出的快捷菜单中选择"设置数据系列格式"命令，如图 5.4.8 所示，弹出"设置数据系列格式"对话框。选择左侧"数据标记选项"，再选择右侧的"内置"单选按钮；在"类型"下拉列表中选择"菱形"标记命令，将"大小"设置为 8，如图 5.4.9 所示。

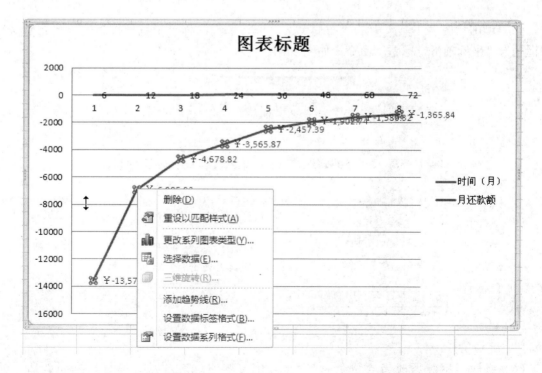

图 5.4.8

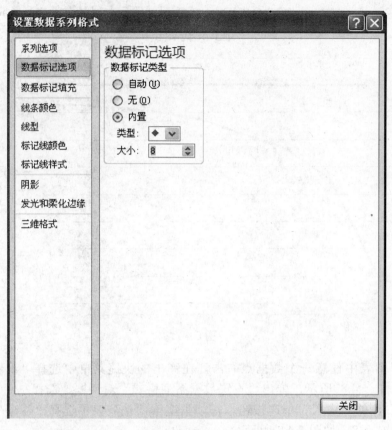

图 5.4.9

(5)单击"图表工具"中的"布局"选项卡,依次选择"坐标轴标题"、"主要横坐标轴标题"、"坐标轴下方标题"命令,如图 5.4.10 所示。

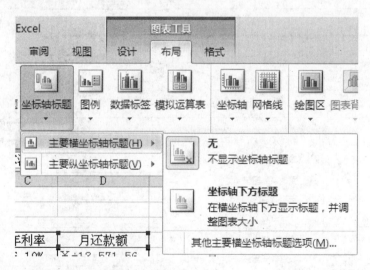

图 5.4.10

(6)将横坐标标题改为"贷款时间",并用鼠标将标题移动到横坐标轴的右边,如图 5.4.11 所示。

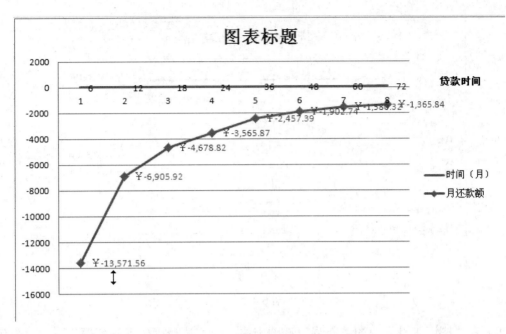

图 5.4.11

（7）在"图表工具"中的"布局"选项卡中，依次选择"坐标轴标题"→"主要纵坐标轴标题"→"竖排标题"命令，如图 5.4.12 所示。

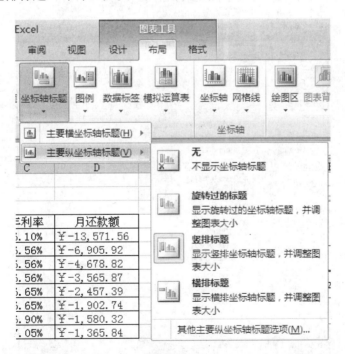

图 5.4.12

（8）将纵坐标标题改为"月还款额"，将图表标题改为"贷款方案试算表"，如图 5.4.13 所示。

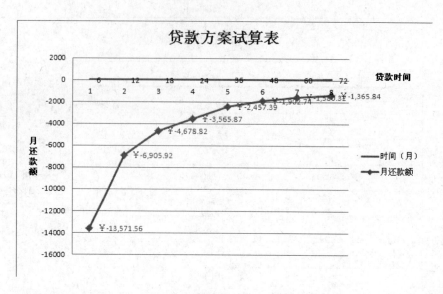

图 5.4.13

（9）在"图表工具"中的"布局"选项卡中，依次选择"坐标轴标题"→"主要纵坐标轴标题"→"其他主要纵坐标轴选项"命令，弹出"设置坐标轴格式"对话框，如图 5.4.14 所示。图中，"最大值"选择"固定"，输入"0"；"主要刻度单位"选择"固定"，输入"1000"；"最小值"选择"固定"，输入"-14000"。

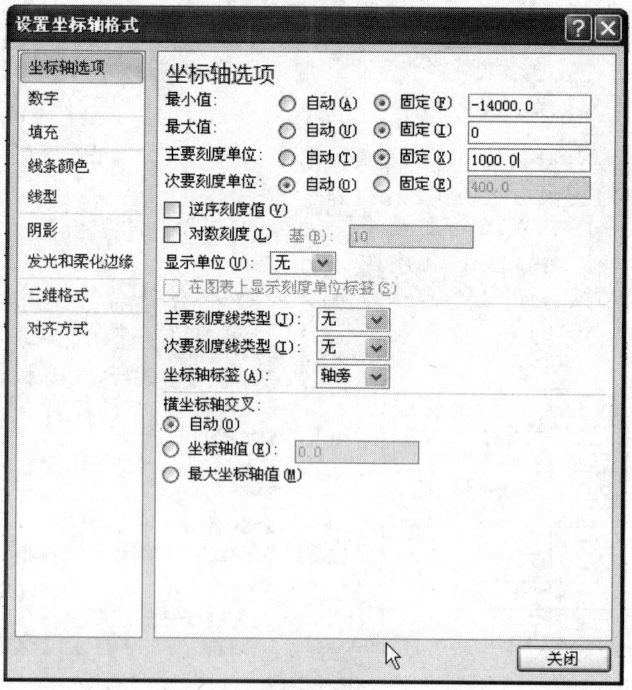

图 5.4.14

（10）最后创建"贷款方案试算表"，见"项目五\任务四\教学素材参考结果\结果"。至此，任务四结束。

相关知识

PMT()函数

语法：PMT(rate, nper, pv, fv, type)。

参数说明：rate 为贷款利率（期利率）。

nper 为该项贷款的付款总期数(总年数或还租期数)。

pv 为现值（租赁本金），或一系列未来付款的当前值的累积和，也称为本金。

fv 为未来值（余值），或在最后一次付款后希望得到的现金余额，如果省略 fv，则假设其值为零，也就是一笔贷款的未来值为零。

type 为数字 0 或 1，用以指定各期的付款时间是在期初还是期末。1 代表期初（先付：每期的第一天付），不输入或输入 0 代表期末（后付：每期的最后一天付）。

说明：PMT 返回的支付款项包括本金和利息，但不包括税款、保留支付或某些与贷款有关的费用。

应确认所指定的 rate 和 nper 单位的一致性。例如，同样是四年期年利率为 12%的贷款，如果按月支付，rate 应为 12%/12，nper 应为 4×12；如果按年支付，Rate 应为 12%，nper 为 4。

实操练习

在晓欣的帮助下，经过一段时间的积累，岚岚的积蓄大幅增长，因此决定买一辆代步汽车改善生活质量，因为对自己的还款能力有信心，所以她选择贷款买车，自己看中了一辆价值 15.8 万的小汽车，最低可以首付三成，根据上文提供的贷款利率，帮岚岚制作贷款方案试算表。

任务考核

晓欣工作以后，一直在外面租房居住，最近终于获得父母的支持，准备买房，计划由父母赞助首付款，晓欣自己承担房贷。通过一段时间的对比，晓欣和父母一起选中了一套靠近工作地点的两居室，总价 88 万元，首付款最低两成。请根据目前的银行贷款利率，帮晓欣制作贷款方案试算表。

任务五　投资方案评估（Excel、PPT）

任务描述

晓欣的朋友三个月前开了一家饰品店，听说晓欣手头上有一笔现金准备投资，就邀请晓欣入股成为该店的股东，但晓欣不知道这家饰品店的经营情况，担心风险过大，产生亏损，所以一直在犹豫是否投资。

任务目标

知识目标：熟练掌握 XNPV()函数的使用，掌握 PPT 中多样化的动画的使用方法。

能力目标：培养学生根据实际需要，选择合适的 Excel 函数实现目标。

情感目标：培养严谨、耐心细致的职业素养。

任务分析

晓欣向这位朋友要了此店面这三个月来的营业收支状况作为评估使用，如表 5.5.1 所示：

表 5.5.1

日　期	收入（元）	支出（元）	备　注
2013.09.01		12000	开店相关费用
2013.09.30	13000		9 月份营业额
2013.10.05		6500	人事管理费用
2013.10.15		2000	进货
2013.10.31	15000		10 月份营业额
2013.11.05		6500	人事管理费用
2013.11.15		25000	进货
2013.11.30	20000		11 月份营业额

除了上述营收及支出的明细外，晓欣的朋友还主动提供“现金流动折价率 8%”的参考数据，以便评估。

晓欣利用这些数据，制作成 PPT，跟有经验的朋友一起进行分析，看看到底值不值得投资。

任务效果

本任务设计完成的投资方案试算表如图 5.5.1 所示，见“项目五\任务五\教学素材及参考结果\结果”；本任务设计完成的投资方案 PPT，见“项目五\任务五\教学素材及参考结果\投资方案 PPT”。

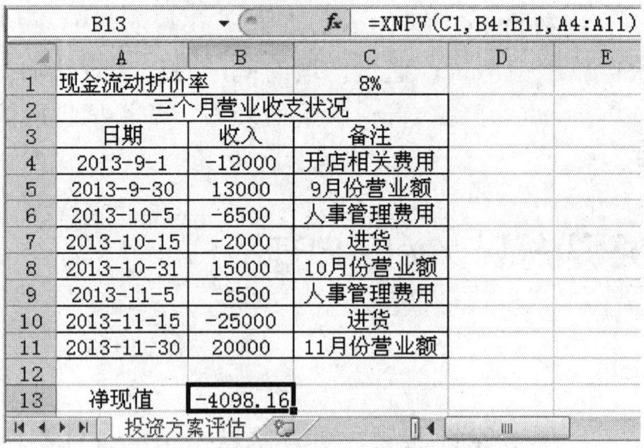

B13 =XNPV(C1,B4:B11,A4:A11)

	A	B	C	D	E
1	现金流动折价率		8%		
2	三个月营业收支状况				
3	日期	收入	备注		
4	2013-9-1	-12000	开店相关费用		
5	2013-9-30	13000	9月份营业额		
6	2013-10-5	-6500	人事管理费用		
7	2013-10-15	-2000	进货		
8	2013-10-31	15000	10月份营业额		
9	2013-11-5	-6500	人事管理费用		
10	2013-11-15	-25000	进货		
11	2013-11-30	20000	11月份营业额		
12					
13	净现值	-4098.16			

图 5.5.1

工作过程

1．制作投资方案评估表

晓欣首先根据朋友提供的营业收支状况制作了投资方案评估表，如图 5.5.2 所示。

图 5.5.2

2. 使用 XNPV()函数计算净现值

选择 B13 单元格，单击"公式"选项卡中的"插入函数"按钮，选择"财务"类别函数里的 XNPV()函数命令，Rate 表示现金流动折价率，Value 表示支出或收入资金的流动金额，Dates 表示支出或收入资金的流动日期，如图 5.5.3 所示。

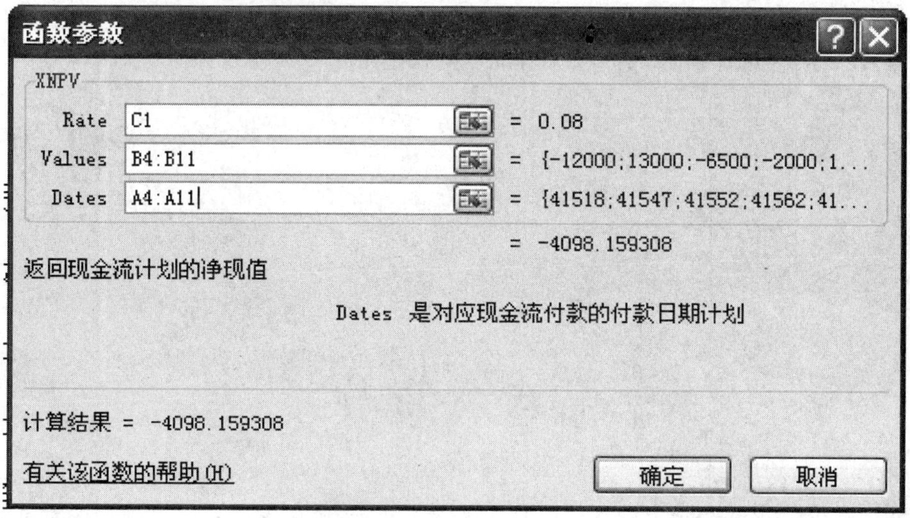

图 5.5.3

计算结果见"项目五\任务五\教学素材参考结果\结果"，晓欣发现此投资方案的净现值是负数，也就是说，目前此投资方案在账面上仍然处于亏损状态，暂时不适合进行投资。不过由于这家店仅仅只开了三个月，从长期投资的角度来看，仍然属于不错的投资项目。

3. 制作投资分析报告（PPT）

（1）打开"Microsoft PowerPoint 2010"，新建"演示文稿 1.pptx"，并重命名为"投资方案.pptx"。在"设计"选项卡的"主题"选项组中选择"气流主题"，如图 5.5.4 所示。

图 5.5.4

（2）在第一张幻灯片里输入标题"饰品店投资分析"，如图 5.5.5 所示。

图 5.5.5

（3）新建一张幻灯片，输入标题"三个月营业收支状况表"，单击"插入"选项卡中的"表格"按钮，选择"插入表格"命令，插入一个 9 行 4 列的表格，如图 5.5.6 所示。

（4）选择表格中的第一行，单击"开始"选项卡中的"形状填充"按钮，选择"浅蓝色"。如图 5.5.7 所示。

图 5.5.6

图 5.5.7

(5)选中第一列(第一行除外),单击"表格工具"选项卡中的"底纹"按钮,填充"浅绿色"底纹,如图 5.5.8 所示。

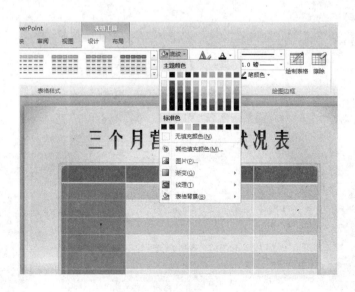

图 5.5.8

(6) 为表格添加立体效果。选中整个表格,单击"表格工具"选项组中的"设计"选项卡,选择"效果"按钮中的"单元格凹凸效果"、"圆"效果,如图 5.5.9 所示。

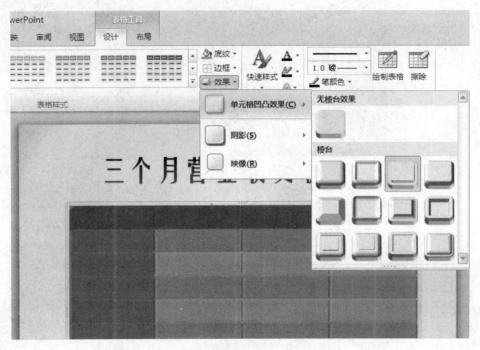

图 5.5.9

(7) 为表格添加文字和数据,适当调整表格的间距,设置字体、字号,美化表格,如图 5.5.10 所示。

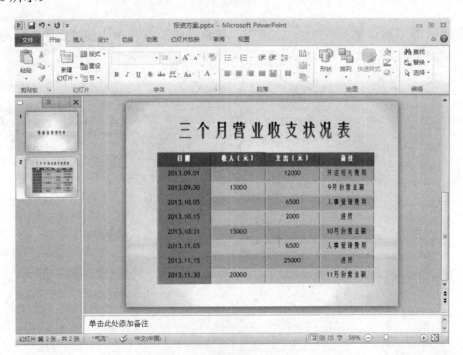

图 5.5.10

（8）根据公式计算出 9 月至 11 月，每月的投资净现值，插入新幻灯片，选择"插入"选项卡中的"SmartArt"命令，插入"垂直块列表"，如图 5.5.11 所示。

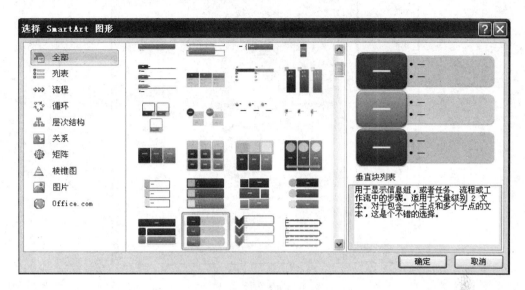

图 5.5.11

（9）在指定空白处填入相对应的数据，并插入标题"3 个月份的净现值分析"，如图 5.5.12 所示。

图 5.5.12

（10）插入新幻灯片，根据原始数据，在空白 PPT 背景上利用线型绘制横坐标，将宽度设为"2 磅"，将短划（画）线类型设为"长画线"，如图 5.5.13 所示。

图 5.5.13

（11）利用文本框添加横坐标和纵坐标刻度，如图 5.5.14 所示。

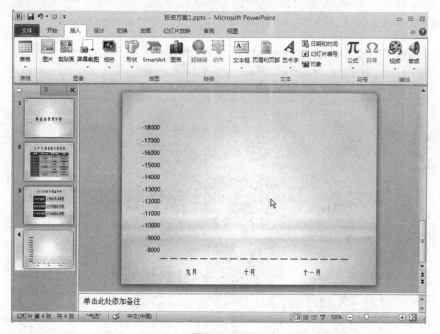

图 5.5.14

（12）在横坐标"九月"上插入一个长方形，根据数值大小拉伸立方体，使图形与数值相符。在图形上单击鼠标右键，在快捷菜单中选择"设置形状格式"命令，打开"设置形状格式"对话框，"填充"选择"渐变填充"；"类型"选择"射线"；"方向"选择"从右下角"；在"渐变光圈"位置为"0%"处，选择"深红"颜色；在"渐变光圈"位置为"100%"处，选择"红"颜色，如图 5.5.15 所示。

图 5.5.15

（13）单击"线条颜色"选项中的"无线条"按钮，单击"阴影"选项中的"预设"里的"右上对角透视"按钮，单击"三维格式"选项中的"顶端"里的"棱台"效果里的"圆"按钮，如图 5.5.16 所示。

图 5.5.16

（14）选中长方形进行平行复制，并根据数值拉伸到合适长度。再为图形添加数值和标题，如图 5.5.17 所示。

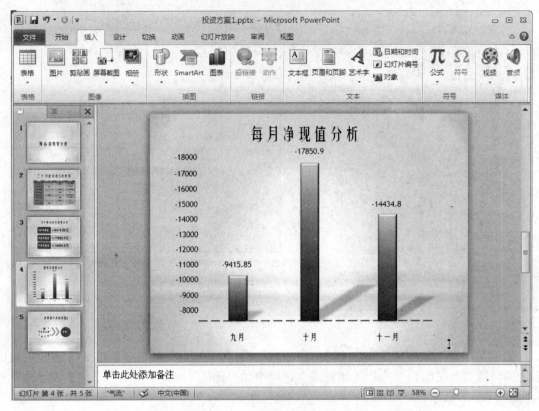

图 5.5.17

（15）插入新幻灯片，选择"插入"选项卡中的"SmartArt"命令，插入"随机至结果流程"，如图 5.5.18 所示。

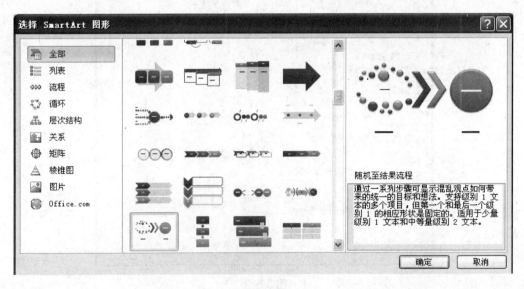

图 5.5.18

（16）在指定空白处填入相对应的数据，并插入标题"未来三个月投资建议"，如图 5.5.19 所示。

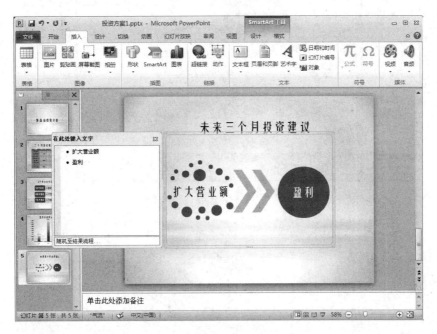

图 5.5.19

（17）开始为每张幻灯片设计动画。选中第一张幻灯片的标题，选择"动画"选项卡中的"添加动画"选项组中的"脉冲"动画命令，如图 5.5.20 所示。

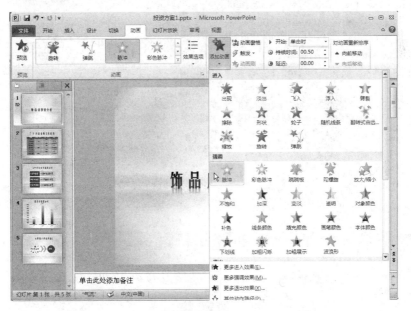

图 5.5.20

（18）选中第二张幻灯片的标题，选择"动画"选项卡中的"添加动画"选项组中的"跷跷板"动画命令，并在属性中采用默认设置，如图 5.5.21 所示。

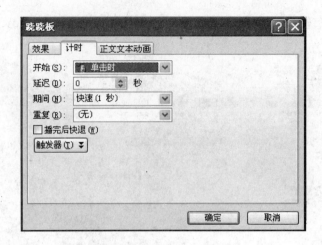

图 5.5.21

（19）选中第二张幻灯片的表格，选择"动画"选项卡中的"添加动画"选项组中的"翻转式由远及近"动画命令，可单击"动画窗格"按钮，打开"动画窗格"编辑动画，如图 5.5.22 所示。

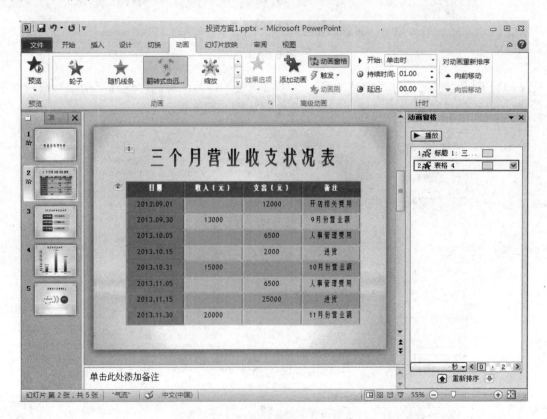

图 5.5.22

（20）选中第三张幻灯片的标题，选择"弹跳"动画；选中 SmartArt 图形，选择"缩放"动画命令，并将"开始"设置为"上一动画之后"，将"延迟"设置为"2"秒，如图 5.5.23 所示，SmartArt 图形可延迟 2s 自动播放。

项目五 员工个人财务管理与投资 /185

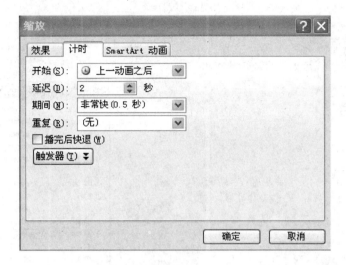

图 5.5.23

（21）选中第四张幻灯片的标题，选择 "随机线条"动画；选中横坐标和纵坐标标题，选择"飞入"动画命令，默认从底部飞入。选中三个长方形，设置"浮入"动画，默认从底部浮入。选中三个数值，设置"轮子"动画，如图 5.5.24 所示。

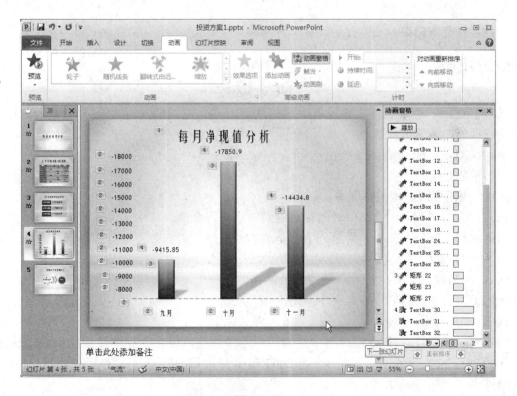

图 5.5.24

（22）选中第五张幻灯片的标题，选择 "形状"动画；选中 SmartArt 图形，单击"动画"选项卡中的"添加动画"选项组中的"其他动作路径"按钮，选择"水平数字 8"动画命令，如图 5.5.25 所示。

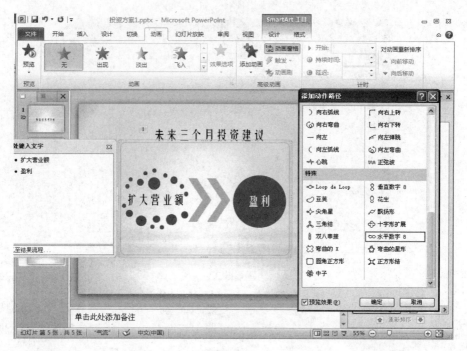

图 5.5.25

至此，任务五结束。

相关知识

XNPV()函数

功能：返回一组现金流的净现值，这些现金流不一定定期发生。若要计算一组定期现金流的净现值，请使用函数 NPV。

语法：XNPV(rate,values,dates)

参数说明：

rate 为应用于现金流的贴现率。

values 为与 dates 中的支付时间相对应的一系列现金流。首期支付是可选的，并与投资开始时的成本或支付有关。如果第一个值是成本或支付，则它必须是负值。所有后续支付都基于 365 天/年贴现。数值系列必须至少要包含一个正数和一个负数。

dates 为与现金流支付相对应的支付日期表。第一个支付日期代表支付表的开始。其他日期应迟于该日期，但可按任何顺序排列。

说明：

（1）Microsoft Excel 可将日期存储为序列号，以便可以在计算中使用它们。默认情况下，1900 年 1 月 1 日的序列号是 1，而 2008 年 1 月 1 日的序列号是 39448，这是因为它距 1900 年 1 月 1 日有 39448 天。

（2）Dates 中的数值将被截尾取整。

（3）如果任一参数为非数值型，函数 XNPV 返回错误值#VALUE！。

（4）如果 dates 中的任一数值不是合法日期，函数 XNPV 返回错误值#VALUE。

如果 dates 中的任一数值先于开始日期，函数 XNPV 返回错误值#NUM！。

如果 values 和 dates 所含数值的数目不同,函数 XNPV 返回错误值#NUM!。
计算公式:

$$\text{XNPV} = \sum_{j=1}^{N} \frac{P_j}{(1+\text{rate})^{\frac{d_i d_1}{365}}}$$

式中 d_i——第 i 个或最后一个支付日期。

d_1——第 0 个支付日期。

P_j——第 j 个或最后一个支付金额。

实操练习

假设投资方案如文中要求所示,只是 9、10、11 月的营业额分别都扩大了 1.3 倍,试算该投资方案截止到 11 月份的净现值,并制作投资方案 PPT。

任务考核

晓欣所在的公司准备收购一家名叫 ADM 的贸易公司,老板希望晓欣制作一个 PPT 用来在公司内部会议上讨论,公司会计给出了 ADM 公司六个月来的营业收支状况,如表 5.5.2 所示。

表 5.5.2

日 期	收入(万元)	支出(万元)	备 注
2014.01.01		70	追加投资
2014.01.30	25		1 月份营业额
2014.02.05		13	人事管理费用
2014.02.15		19	进货
2014.02.31	33		2 月份营业额
2014.03.05		15	人事管理费用
2014.03.15		24	进货
2014.03.30	27		3 月份营业额
2014.04.2		14	人事管理费用
2014.04.8		28	进货
2014.04.29	37		4 月份营业额
2014.05.1		17	人事管理费用
2014.05.4		30	进货
2014.05.29	39		5 月份营业额
2014.06.4		18	人事管理费用
2014.06.5		32	进货
2014.06.29	28		6 月份营业额

除了上述营收及支出的明细外,公司会计还主动提供"现金流动折价率 9.5%"的参考数据,以便评估。

请利用这些数据,制作投资方案评估表和演示 PPT。

反侵权盗版声明

电子工业出版社依法对本作品享有专有出版权。任何未经权利人书面许可,复制、销售或通过信息网络传播本作品的行为,歪曲、篡改、剽窃本作品的行为,均违反《中华人民共和国著作权法》,其行为人应承担相应的民事责任和行政责任,构成犯罪的,将被依法追究刑事责任。

为了维护市场秩序,保护权利人的合法权益,我社将依法查处和打击侵权盗版的单位和个人。欢迎社会各界人士积极举报侵权盗版行为,本社将奖励举报有功人员,并保证举报人的信息不被泄露。

举报电话:(010)88254396;(010)88258888
传　　真:(010)88254397
E-mail:　dbqq@phei.com.cn
通信地址:北京市万寿路 173 信箱
　　　　　电子工业出版社总编办公室
邮　　编:100036